好宅風水設計聖經

最強屋宅一流開運法則
設計師必學、屋主必看極詳細 風水能量指導書

漂亮家居編輯部

圖片提供_FUGE 馥閣設計

插畫提供_張小倫

Special 閱前特別篇
了解家宅的好風好水 ················ 8

特別附錄
風水室家　全屋改造個案 ············ 184
五行風水　能量開運事典 ············ 193

Chapter 1	**格局**篇

建構好風好水的舒適格局 ············ 16
穿堂煞 ······························ 18
破腦煞 ······························ 19
入門煞 ······························ 20
中宮煞 ······························ 21
對門煞 ······························ 22
迴風煞 ······························ 23
穿心煞 ······························ 24
破解室內煞氣的好住提案【格局篇】 ···· 25

Chapter 2	**客廳**篇

心與心緊緊牽繫的場域 ············ 52
庄頭煞 ······························ 58
沙發無靠煞 ·························· 59
破財煞 ······························ 60
孤傲煞 ······························ 61
斜角煞 ······························ 62
坎坷煞 ······························ 63
靠窗煞 ······························ 64
破解室內煞氣的好住提案【客廳篇】 ···· 65

Chapter 3 　臥房篇

打造高枕無憂的開運能量窩 ············· 94
鏡門煞 ····································· 98
床頭空懸煞 ································ 99
懸劍煞 ····································· 100
鏡床煞 ····································· 101
沖床煞 ····································· 102
床尾朝窗煞／隔床煞 ···················· 103
臥房壁刀煞／樑壓床 ···················· 104
破解室內煞氣的好住提案【臥房篇】 ······ 105

Chapter 4 　餐廚篇

創造安心安全餐廚空間 ·················· 134
水火煞 ····································· 138
冰火煞 ····································· 139
撞門煞 ····································· 140
廚風煞 ····································· 140
破解室內煞氣的好住提案【餐廚篇】 ······ 141

圖片提供_里歐室內設計、禾光室內裝修設計、陶璽室內設計

Chapter 5 　浴廁篇

化腐朽為神奇的家宅寶地 ················ 156
陰濕煞 ····································· 160
廚中廁 ····································· 161
高低煞 ····································· 162
雙門煞 ····································· 162
破解室內煞氣的好住提案【浴廁篇】 ······ 163

Chapter 6 　其它篇

次要空間也要開運 ······················· 174
神桌靠窗 ·································· 176
神桌沖門 ·································· 176
浴缸外露 ·································· 177
樓梯壓廁 ·································· 177
玄關露天 ·································· 178
陽台外推 ·································· 178
破解室內煞氣的好住提案【其它篇】 ······ 179

圖片提供_上景室內裝修設計工程、澳拓空間室內設計

EasyDeco藝珂設計 ☎ 02-2722-0238

PartiDesign Studio ☎ 0988-078972

上景室內裝修設計工程 ☎ 02-2778-2766

于人空間設計 ☎ 0936-134-943

禾捷室內裝修/禾創設計 ☎ 02-2377-7559

里歐室內設計 ☎ 02-2898-2708

奇逸空間設計 ☎ 02-2752-8522

明代室內設計 ☎ 02-2578-8730（台北）

03-426-2563（中壢）

禾光室內裝修設計 ☎ 02-27455186

杰瑪設計 ☎ 02-2717-5669

采荷室內設計 ☎ 02-2311-5549

金岱室內裝修 ☎ 02-2503-2490

南邑設計事務所 ☎ 03-667-6285

浩室空間設計 ☎ 03-3679527

國境設計 ☎ 02-8521-1257

陶璽室內設計 ☎ 02-2511-7200

鼎爵設計工程 ☎ 02-2570-1082

對場作設計 ☎ 02-2766-2589

演拓空間室內設計 ☎ 02-2766-2589

遠喆室內設計 ☎ 02-2503-6077

德力室內裝修 ☎ 02-2362-6200

FUGE 馥閣設計 ☎ 02-2325-5019

了解家宅的
好風好水

風水，指的是人的能量與環境之間的磁場變化，好的能量能引動環境中的幸福氛圍，而好的環境也能引動人們的正面能量，如此環環相扣的關係，也正與「風生水起好運來」的概念相映。因此，家宅的風水好壞，和全家人的運勢、甚至健康息息相關，摒除環境當中不佳的風水，等同於提升居家更舒服的生活品質。

只是，風水牽涉到的，不只內部格局，還包含了外在建築、環境，有些煞氣，只需靠佈置整理即能化解；有些不良風水，則需要大興土木，藉著格局的重新規劃作環境的調整；更有些住家本身外煞連連，位在不適當的位置、附近有不佳的沖煞建築，甚至不當的地形地物等，都需要依情況化解避免甚至搬遷。你所居住的環境中隱藏了多少煞氣？需要改造的程度又有多少？不妨從以下評量中，了解你家的風水指數。

攝影_王正毅

CHECK
LIST

SPECIAL

特別篇

格局篇

客廳篇

臥房篇

餐廚篇

衛浴篇

其他篇

屋宅風水初步檢測

先從自家屋宅內外格局作一初步檢測，看看家裡的房子共符合幾項？

C h e c k !

□ **房子棟距不足，離鄰居太近**

　　身處在人口密集的都會區，國內普遍有房子與房子間相距過窄、棟距過近的問題，這樣格局的房子除了易與鄰居彼此影響、破壞生活品質外，也易讓光線昏暗進而影響財運。

□ **所居住的大樓屬回字形的封閉式建築**

　　許多公寓大樓偏好回字型的建築，不僅保留大樓外觀的整體性，更易於安全方面的控管，但回字型的封閉設計容易使面對中庭的住宅採光不足，同時通風不良，內部穢氣積鬱而不易散發。

迴型建築多半有採光不足、通風不良、悶濕等問題。插畫提供_張小倫

□ **房屋正中間不適當的格局配置**

　　房子中央處好比環境的心臟，更是室內動線最重要的位置，如果恰好為廚房、廁所，則使油煙、穢氣積聚不易沖散，形成不佳格局。

□ **房子過大或過小**

　　房子面積須根據居住人數而定，屋大人少，不易聚氣聚財；屋小人多，太過擁擠，容易心浮氣躁。算算看，你們的房子大小是否正符合需要！一般來說，房屋基數為20坪，每增加一人須增4坪。
一家四口最適合居住的坪數算法如下：

$$20 + 4 \times (4 - 1) = 32$$

基數　　增加坪數　家人數量　　　最適坪數

□ **室內包電梯**

　　室內有升降電梯，形成中空型的格局，容易出現不好的氣場，或是難以累積錢財、福運。

Check!

☐ **居住在孤立高聳的大樓中**

　　一棟轟立於眾建築物中、鶴立雞群的大樓，通常適合作為辦公大樓之用，若當住家，則可能面臨八方強風環繞，屬於孤立無靠的風水格局。

☐ **開窗就能看到高壓電塔**

　　電塔或變電站附近是電磁波幅射量最強的地方，雖然居住屋內的人並不常開窗相對，但久居之後易對人體產生內分泌失調的問題，失眠、頭痛乃至各種病變的產生。

☐ **屋外正對建築物的銳角**

　　開窗或開門正好對到別棟大樓的銳角面，形成風水學中的壁刀煞或角煞，在環境中可能產生強風或是氣流，影響居住者的健康，更易沖散財氣，反而不易聚財。

大樓壁刀容易使氣流聚集直衝，最不利於居住者健康。
插畫提供_張小倫

☐ **樓板下懸空的房宅或房間**

　　房子樓下剛好是大樓中庭，或房間正好突出下方懸空，都屬於磁場不穩定的格局，容易對居住者的健康及精神造成負面影響。

☐ **大門正對電梯或樓梯**

　　一開門外面正對著電梯門或是樓梯的房子，容易影響居住者的財運及人緣，尤其大門要是對到向下的樓梯更象徵著家運的每況愈下。

開門正對直通到底的樓梯，氣往下流，易拉低運勢，更容易造成公安事故。插畫提供_張小倫

C h e c k !

☐ **住宅四周或兩側被高樓夾住，窗戶外部遭遮擋**

房子被大型建物遮擋，讓空氣、光線不流通，住久不僅影響運勢，健康也易受損。窗戶可說是屋宅對外互通的管道，若長期受遮，都有不利影響。

所居住的樓房若矮於週遭建築，易影響居住者健康。插畫提供_張小倫

☐ **牆壁上有壁癌、雨天易漏水**

壁癌、漏水不僅是風水上的忌諱，對每個居住者而言也是最基本需避免的原則，漏水屋的濕氣及壁面黴菌，看似無形，卻是健康最大的殺手。

☐ **房子不夠方正，或有缺角**

在風水學上來說，格局方方正正的房子能給人安定的感覺，但現在建築多角形、非線性、不規則等屋形所在多有，看似充滿藝術變化，但其實對居住者來說有不利影響，屋內尖角太多則不易聚氣，要是缺角，則易影響家中成員健康。

房子本身若外形不正或是歪斜不正，都可能致使身體健康失衡。插畫提供_張小倫

☐ **牆面裝飾過多，或是用色過度搶眼**

選擇個人化的配色風格妝點自家，雖然能讓居家賞心悅目，但過度強烈的配色容易在無形中耗損精神，尤其臥房配色過於鮮明易使臥房主人焦慮緊張，或身心較易疲倦。

☐ **家中無玄關**

大門在風水學中不僅關係著家運，也連帶著影響外部連結，而玄關的設置能讓內外有所緩衝，若開門即見到家中人員的動態，不只少了隱私，更讓人缺乏安全感。

初步檢測結果

在前面針對屋宅內外概要式的檢測中,你共符合了幾項?

符合3項以下
好風好水指數 ★★★★

　　恭喜你,家裡內外並無較為重大的風水煞氣,算是擁有好風好水的家宅。目前所居住的環境中,掌握了居家風水中較主要的項目,只要針對部分問題進行修正,並掌握室內擺設格局的重點,擁有全家人樂於居住並引來正面能量的家宅環境並不是難事。

符合4～7項
好風好水指數 ★★★

　　居家有些地方與風水理念相悖,可以藉著簡單的裝潢改造,或透過傢具軟件的佈置,來修飾原本不良的風水格局。儘管屋宅大格局的問題不多,但室內還需要進一步了解房間、動線及空間規劃是否切合居住者的需求,只有真正貼近需要且能讓人安心在此休憩的地方,才是真正適宜居住的環境風水。

符合8～11項
好風好水指數 ★★

　　屋宅內外都需重新檢視,需要修改裝潢調整佈局的部分,也最好別再拖延!這個風水等級的家宅中顯然有許多地方藏有煞氣,若大興土木改建改造實在太費工,至少也要避掉不佳的室內風水格局,不良的風水一時之間或許看不出不利影響,但居住就是要放長遠一點來看,不舒適的環境只會帶來不佳的生活品質,就算不考量風水,也需要好好整理居家環境了。

符合12項以上
好風好水指數 ★

　　你的居家環境中有諸多地方充滿了不便與不適,重新檢查室內風水、摒除環境煞氣已是刻不容緩的基本措施,如果家中已有成員長期氣色不佳、健康頻出狀況,那麼就得思考如何克服外部的屋宅風水煞氣,甚至搬遷至新環境,畢竟家是自己最長時間所待的場域,把自己的窩打理好,才能進一步達成其它目標。

Chapter 1

格局篇

在前面屋宅檢測的過程中，我們不難了解，住宅位置、外在環境的選擇，對於風水來說有著決定性的影響，而撇除外在因素，室內的格局、動線佈局等，更是緊緊牽動著居住者的生活品質，只有廳與房之間得宜的動靜搭配，才能讓家在最平衡的狀態合而為一，這也是格局風水中最為基本的概念。

圖片提供_PartiDesign Studio

INDOOR
PATTERN

特別篇

CHAPTER
1

格局篇

客廳篇

臥房篇

餐廚篇

浴廁篇

其它篇

建構好風好水的舒適格局

陽光、空氣、水,是人類生存最基本的三大要素,對於住宅格局,同樣著重在光線、氣流和排水動線。當室內光線明亮、通風順暢,居住起來自然舒適,形成良好的風水格局;相反的,不適當的門、窗、廳、房配置則會對屋內氣流及日照形成阻滯,格局好壞,對居住者而言影響甚鉅。

1 調整室內光線

家中明亮的光線能為居住者帶來愉悅的感覺,全家人的心才容易凝聚,室內擁有適當的自然陽光,對於台灣亞熱帶氣候特徵來說,也能避免環境中陰暗潮濕的情況。日照光線較不足的屋宅,除了避免暗色窗簾外,開放式隔間或具通透材質的傢具等,都能修飾空間中光線不足的部分,另外,也可在照明方面補強,所謂明廳暗房,客廳經常保持明亮,能提升屋主事業運勢,招來貴人;書房保持明亮則能提升專注力,考運自然佳。

2 注意門窗的暢通

門與窗,代表的是兩個空間的區隔與開啟,如果開關門受阻,或窗戶內外有阻擋,都可能對室內氣流形成阻滯,因此門窗邊最好不要堆積雜物,保持暢通,如果屋宅本身較不通風,那麼室內須採開放式設計,減少隔間,運用裝潢改善。

3 注意門與門的配置

當門與門相對,空間氣流衝撞,易使居住者莫名煩躁,若是前門對到後門,空氣急速通過形成穿堂風,福氣不易累積,亦無法聚財。若是房門與房門相對,則相對者易生嫌隙,即使同為家人,都可能因故鬧得不愉快。廚房門對到廁所門,每天製造餐食的地方正對著穢物聚集處,就算不常下廚,無形中亦會對健康造成影響,易使居住者有腸胃方面的問題。廚房門及廁所門對到房間門,也會使臥房主人體弱多病。

就科學上來說,門對門的動線設計看似便利,但其實是造成兩邊出入的互相干擾,也是室內設計時需要規避的重點,餐廚、房間、廁所都可在規劃前調整開門的方向,大門則可設置玄關,只要把直行之風引開,就能逢凶化吉。

圖片提供_浩室空間設計

4 **房子動線的配置**

特別注意玄關、客廳、餐廚、浴廁等區域的動線規劃，尤其是家中經常出入的公共場域，行經路線是否受到阻隔，或是否順著生活習慣而走，例如有些人家中浴廁設在廚房中，使用時都需繞至廚房；或臥房床頭隔牆剛好是浴廁，夜晚使用時水管的聲音或氣味，都可能對臥房主人形成干擾等。尤其有些開放式空間，因為沒有門牆的空間界定，而在動線上設置了傢具，以致行動受阻，不僅易造成家中意外，不便利的生活也容易影響住居的情緒，更是風水上的一大忌諱。

5 **檢查室內排水是否通暢**

室內排水在選屋時就需要徹底了解，也應定期為自家做重複檢查，可以倒一盆水在家裡每一個排水口，觀察排水是否通暢，若排水速度較慢或積水，就需要徹底檢查，否則家中若有不良的排水系統，時間一久，室內容易潮濕發霉、產生壁癌。對居住者來說，不僅會大大造成生活的不便，也會導致身體過敏或氣管方面的問題，絕對要預防。

一般來説，室內太濕或太潮，都會讓人有不舒服的感受，讓人感到舒適的濕度為45～55%RH，時時控制家裡的濕度，才能住的健康舒服。

6 **合宜的色彩配置**

屋宅內牆面和傢具的色彩搭配不僅代表著屋主個人的風格，並且展現著整個家的氣氛與韻味，在風水學理上，色彩更視為一種能量，會直接影響空間中每個人的情緒思維，有些人喜歡把家塗的五彩繽紛，卻忘了這裡是屬於自己休息的場所，應盡量帶來溫暖、舒適的感覺，鮮艷的配色雖然搶眼、富有設計感，但久而久之易使居住者精神委頓疲倦，基本上，室內主色的選擇仍以對眼睛負擔最小的顏色為原則，或者針對家中主掌經濟大權者的五行特質，選擇旺運的色系，家中成員亦可配合自己的五行決定臥房色彩。

特別篇

CHAPTER

1

格局篇

客廳篇

臥房篇

餐廚篇

浴廁篇

其它篇

穿堂煞

大門正對後門或後落地窗而中間沒有阻隔，進出之間拉成一條線，形成前門對後門的穿堂風，致使家中之氣不易聚集，旺氣直瀉而出，除了有不易聚財、容易破財之外，屋主須注意心臟方面的循環問題。

化解法

大門處以牆面或櫃體設計玄關空間，或是運用收納櫃、屏風等的設置，讓氣流有所阻隔。

插畫提供_黑羊　　　　　　　　　　前後門窗一條線直通，讓家中旺氣盡洩而出。

入門煞

①開門見灶──廚房五行屬火，火剋金，易導致財氣不進。

②入門見廁──進門時視線直接對到家中隱密的居所，易使貴人全失。

③入門見鏡──開門見鏡，鏡中有門，容易引發小人及外在爭端。

化解法

　　修飾廚房門、廁所門的存在感，或改變大門進入方向，鏡子最好改變放置位置，或是用深色茶玻鏡面取代。

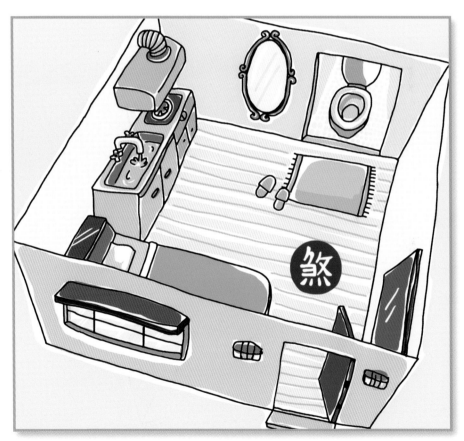

插畫提供_黑羊　　　　　　　　　　　　　開門直接見到家中的廁所，家中難有貴人。

特別篇

CHAPTER

1

格局篇

客廳篇

臥房篇

餐廚篇

浴廁篇

其它篇

破腦煞

　　環境中不當的格局衝擊腦部，都可能造成主人神經衰弱或是睡不安穩、多夢等問題。臥房中床頭後方為廚房、走道或廁所，或是床頭處、沙發、書桌坐椅等壓樑，都為擾亂思慮的破腦煞。

化解法

　　改變臥房格局或床的座向與位置，若有壓樑則需以裝潢修飾天花板，或以燈光、櫃體等隱化樑的存在感。

插畫提供_黑羊

床頭與隔牆浴廁相對，易使房間主人
有頭痛或思慮不周等問題。

中宮煞

將房子畫分為九宮格，中央區域若剛好為廁所、廚房或走道，就為中宮煞。中宮如同心臟，影響家運最甚，中央若有穢氣，易讓家運不興；若為廚房則易影響健康及財運；位在中宮，會造成全家奔波忙碌。

化解法

改善格局，避開中宮位，或是將位在中宮的廚房、浴廁或走道，以照明及綠色植物順暢此區的氣流循環。

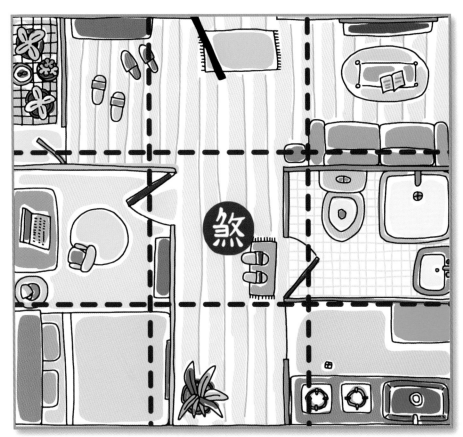

插畫提供_黑羊

房子中央處若為走道，易使居住者奔波忙碌。

特別篇

CHAPTER

1

格局篇

客廳篇

臥房篇

餐廚篇

浴廁篇

其它篇

對門煞

　　對門煞（又稱鬥口煞、口舌煞）最常見的就是房門與房門相對，造成口舌是非，家人感情薄；房門對到廚房門、浴廁門，則易使房間主人易有腸胃方面問題或身體疾病；對到大門更要小心引發官司糾紛。

化解法

　　門是內外進出的核心，要避免對門除了裝潢時調整外，其次的方式就是將房門以隱藏式門片處理，或加裝門簾，隱化房門或對門形體。

插畫提供_黑羊

臥房門相對易讓家人發生口角爭執、感情不睦的情況。

迴風煞

　　同一室內空間中，同一面牆存在著兩扇門，即屬迴風煞，雖然出入方便，但難以聚氣聚財，也不利家中男性健康。若在臥房房間中有迴風煞，代表房間主人易不安於室，當心出現爛桃花及感情糾紛。

化解法

　　同一室內都不適合開兩扇門至同一室外，最好能將其中一門封死，並以大型櫃體遮蔽，以看不到、進不去為原則。

插畫提供_黑羊　　　　　　客廳出現兩扇同樣對外的門，對男主人最不利。

特別篇

CHAPTER

1

格局篇

客廳篇

臥房篇

餐廚篇

浴廁篇

其它篇

穿心煞

大門上方有樑與門成直角穿越而過，則為「穿心煞」，表示家中易發生令人扼腕的感嘆之事。夫妻房間中若出現與床平行的屋樑將房間天花板一分為二，同樣也是穿心煞，居住其中易有口角、分離。

化解法

修飾大樑凸出時的直角，像是做天花板、間接燈光等，另有一說法是裝潢前在樑下埋入麒麟雕塑品鎮煞。

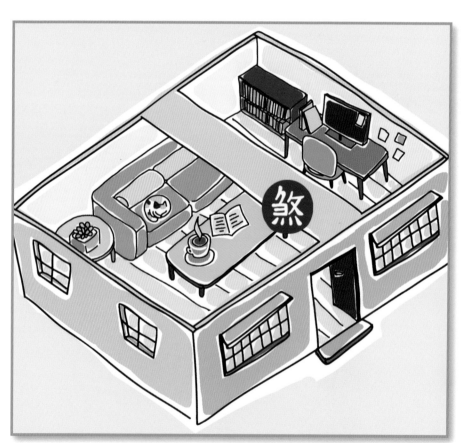

插畫提供_黑羊

與大門垂直的樑橫跨客廳，形成穿心煞。

格局篇

破解室內煞氣的好住提案

INDOOR
PATTERN

圖片提供_陶璽室內設計

特別篇

CHAPTER 1

格局篇

客廳篇

臥房篇

餐廚篇

浴廁篇

其它篇

001 引光透風的木屏風化解穿堂煞

不良格局　長長的玄關底端是落地窗，有著大門正對門窗的風水禁忌。

破解方式 ›››

運用木框加斜板與玻璃混搭材質的造型框屏風，讓視覺無法穿透，化解門窗相對的風水顧慮，透光不透影的材料選用讓後方的光線能夠逸散至玄關，刻意留天留地的設計也保持空氣的對流。圖片提供_PartiDesign Studio

002 透過格局調整，扭轉風水

不良格局　一入大門便見到大窗，風水上形成易破財的格局。

破解方式 ›››

這個案子一入門就見窗，形成穿堂煞。不過因為空間較大，可以透過格局調整來規避問題。因此設計師規劃了一處和室空間，並在玄關通道轉向和室的轉角擺放水缸造景，引進水流同時象徵帶財，補財氣在這格局內。圖片提供_鼎爵設計工程

003 走道化身橢圓交誼區

不良格局 在走道末端的二間房間門，形成面對面的鬥口煞對峙格局。

破解方式 ›››

搭配增加一房的格局變動，將走道區順勢放大成橢圓形格局，同時增設書櫃、天花板造型與牆面掛畫等設計來化解走道無趣感，也轉移了門對門的印象，使走道變成閱讀交誼區。圖片提供_演拓空間室內設計

Before

After

特別篇

CHAPTER 1

格局篇

客廳篇

臥房篇

餐廚篇

浴廁篇

其它篇

004 屏風櫃牆巧妙解煞氣

不良 格局	為兩層樓的夾層屋，室內樓梯的位置正對窗戶，形成樓梯沖窗的不良格局。

破解方式 ›››

此為挑高樓中樓的小坪數住宅，整體空間狹長坪數不足，無法移動樓梯，但樓梯面窗又有樓梯沖窗的風水問題，為解決樓梯沖窗，設計師以屏風結合櫃體，不但滿足屋主能有大量的收納空間的期望，更成功化解樓梯沖窗煞。圖片提供_國境設計

005 高低差與圓弧造型化解大樑壓迫感

不良 格局	入口大樑橫跨客餐廳，形成所謂的破腦煞，讓人感覺空間具有壓迫感受。

破解方式 ›››

設計師在面對連接客餐廳的大樑，運用高低差修斜面，降低柱體的銳角並讓其延伸因此降低壓迫感，讓人在空間中覺得舒適。而在餐廳部分，則運用樑做造型，圓弧設計轉化原本的方正感受令空間多變化。圖片提供_里歐室內設計

006 降板包樑呈現格局中的簡約美感

不良格局 因建築結構的需求，在沙發與電視牆之間的天花板上有一根結構大樑。

破解方式 › › ›

為了改善大樑的突兀感，設計師直接以木作在天花板做降板設計來覆蓋了大樑，並將空調與管線收藏其內；另外，在天花板前後露出原有屋高，搭配間接光源設計避免空間的壓迫感。圖片提供_演拓空間室內設計

007 用照明魔法
讓煞氣消失於無形

不良格局 開門見窗，格局中出現散財的窮困風水。

破解方式 › › ›

此為一別墅玄關處，因連結一樓與二樓，特殊樓高顯得空間分散，同時開門見窗的格局不易聚氣，設計師將進門左側設計懸浮櫃體，與直窗、門錯落，修飾窗煞，吊燈與櫃體燈定義出空間規範，能讓人氣聚於此間不易散發，是為最巧妙的破解法。圖片提供_采荷室內設計

特別篇

CHAPTER 1

格局篇

客廳篇

臥房篇

餐廚篇

浴廁篇

其它篇

008 隱藏門片調整口舌煞

> **不良格局** 廚房門側對浴室門，氣味交互發散，將影響家人健康，尤其馬桶直沖廚房更被視被大忌。

破解方式 ›››

面對廚房對廁所的風水大忌，在設計上運用門片的變化手法將浴室隱藏，以與牆面相同的石材貼覆門片，讓門對門的煞氣消失於無形，並讓空間調性更為一致。圖片提供_FUGE 馥閣設計

009 格柵式屏風阻擋穿堂煞氣

> **不良格局** 屋內原先沒有玄關，一開門即對沖落地窗，形成穿堂忌諱。

破解方式 ›››

為化解大門對沖外窗的風水忌，設計師以格柵式屏風取代實體牆面或櫃體屏障，除了增加視覺上的開闊感外，更化解風水上的穿堂煞禁忌。圖片提供_國境設計

010 設玄關牆，遮蔽開門見灶

不良格局　視覺穿透性而產生入門煞中的開門見灶禁忌。

破解方式 ›››

設計師特別在門口設置金色壁紙的玄關牆面，有效遮蔽廚房位置，化解風水開門見灶的煞氣，同時也使大門的氣流可打至牆上，形成對流迴風，為藏風聚氣的風水設計。圖片提供_陶璽室內設計

011 門不見梯守住錢財

不良格局　一進門即見通往地下室的向下樓梯，觸犯了風水禁忌中的「開門見梯」。

破解方式 ›››

在風水學當中，向下的樓梯為「溜財梯」，若是門外正對此梯，就會形成退財的「捲簾水」格局，導致居住者的財運如溜滑梯般直線下降，不但不利進財，也不利守財，在工作方面更有節節敗退之意。設計師在設計時將格局重新調配，錯開下地下室的樓梯並錯開通往後陽台的門隔絕穿堂煞，來化解風水禁忌。圖片提供_FUGE 馥閣設計

特別篇

CHAPTER 1 格局篇

客廳篇

臥房篇

餐廚篇

浴廁篇

其它篇

012 二進式玄關避開穿堂煞

不良格局 一進門就看到客廳，並直視至陽台，這間 20年的老屋最大問題便是犯了穿堂煞。

破解方式 › › ›

屋主除了對風水問題非常在意外，也希望透過設計能讓空間具有豪宅的氣勢；由於空間風格走的是美式古典，設計師便利用入門處規劃了衣帽間及二進式玄關，透過獨立式二進玄關雙開門，不只解決風水問題，同時也讓空間更為大器。圖片提供_EasyDeco藝珂設計

Before

After

013 造型立牆展示品味更兼具擋煞功能

不良格局　　大門與餐廳相沖，會對家運產生影響。

破解方式 ›››

餐廳是家人共食團圓之地，象徵著家的向心力，避免大門一開就看到餐廳以及用餐情形，在餐廳與玄關中間設計一道弧形隔屏，中心挖空置放花藝、面向客廳的立面特意內凹半鑲嵌著造型燈飾，凸顯個人品味與居家氣息。圖片提供_上景室內裝修設計工程

014 營造迂迴奇想，創造財流

不良格局　　財位隱蔽性不足，風水上易有散財問題。

破解方式 ›››

有時候風水好不好，在於居住者是否感到安心平靜。設計師規劃踏進室內前必須先經過一場迂迴之道，踏上基數踏階，入門後是結合景觀設計的水池。在風水上，每間屋子有屬於自己的財位，透過格局更動改變動線方向，是為了讓財位的風水更順，而水在風水中象徵「發」，水局鋪設也是為了引進財流。圖片提供_鼎爵設計工程

015 用拉門化除風水煞氣

從大門一進來就直沖廁所門，更因
為房數的需求無法做更動。

破解方式 ›››

原始格局上從大門一進入即能望進廁所馬桶，但
因為屋主本身對房間數的需求，而無法將廁所更
動位置，於是設計師改用遮蔽的方式解決，運用
拉門巧妙地將門對門的沖煞化解，而原本入廁後
先看到馬桶也被設計師轉換位置改為先看到臉
盆，全方位調整格局的禁忌。圖片提供_FUGE 馥閣
設計

016 利用材質切換空間定義

原本沒有玄關，一入門便望見室內全貌，缺乏居住安全感。

破解方式 ›››

玄關，又稱門廳，是指從大門到客廳中間的轉折空間。因為開門見廳在風水上代
表破財，因此玄關也成了阻隔室外穢氣的重要區域。如果想要更明顯產生區隔，
可以利用地板材質不同來做區分，為玄關和室內在視覺上創造劃分效果。圖片提供
_禾捷室內裝修/禾創設計

017 擺設冰箱阻煞氣一舉數得

不良格局　將室內格局採開放式設計重新規劃，卻有開門見灶的問題出現。

破解方式 ›››

設計師為了使空間格局更為開闊而採開放設計，但卻因此減少了玄關空間並且一進門就看到瓦斯爐，因此設計師運用在其中擺設冰箱，阻卻開門見灶的問題，並為門口做出了玄關場域，一舉兩得。圖片提供_明代室內設計

018 精品櫃遮擋開門見灶

不良格局　因客廳與餐廳合併作開放設計，導致一入門就會有開門見灶的問題風水。

破解方式 ›››

為改善原建商開放廚房造成格局中的入門煞，設計師在廚房與餐廳間先架設吧檯來做區隔，同時在爐灶位置（畫面左側）再加設一座餐櫃來遮蔽，解決了格局的風水問題。圖片提供_遠喆室內設計

特別篇

CHAPTER
1

格局篇

客廳篇

臥房篇

餐廚篇

浴廁篇

其它篇

019 左右鋪石子，營造舒適感

不良格局 格局中因為門窗相對，不容易聚氣納財。

破解方式 >>>

原本屋子的格局是入門正面一片落地窗，容易影響屋主財運，利用格局更動，雖然不會再看到窗戶，但玄關空間依然擺放水缸，走道兩側擺放小石子，塑造一種開闊自然的氛圍，也象徵引進財源。圖片提供_鼎爵設計工程

020 用遮形逆轉煞氣，創造一室好運

不良格局 屋子尾端正對別人家後門。

破解方式 >>>

台灣早期許多長形屋，尾端空間往往對著別人家的屁股，而且採光也會因此受阻礙，以風水上來說，光線受到阻礙是不佳的。如果無法改變格局，那麼可以用「遮形」方式巧妙避開。就像這個案子用竹籬笆概念塑造自我環境的優雅，避開外在景觀，同時引進日光。圖片提供_鼎爵設計工程

Before

021 善用造型解決多重風水問題

不良格局	位在市中心的小宅不只一個風水問題，除了入門直視廚房見灶外，臥房還有浴室沖床等問題。

破解方式 ›››

由於屋主預算有限，無法大動格局，加上入門處無法規劃玄關，設計師便在廚房與臥房間規劃了弧形電視櫃，化解入門見灶的問題，同時也讓原本沒有安定面，無法規劃電視櫃的空間，有了兩全其美的解決方法。圖片提供_EasyDeco藝珂設計

After

特別篇

CHAPTER 1 格局篇

客廳篇

臥房篇

餐廚篇

浴廁篇

其它篇

022 隱藏式門片修飾不佳格局

| 不良格局 | 門、窗等對外開口均在一直線上，門一打開，一眼就看見落地窗陽台，形成穿堂煞。 |

破解方式 ›››

先天結構為有狹長走道的格局，門、窗均在同一直線上，形成一覽無遺的穿堂煞問題，設計師精心設計以隱藏門化解，除了杜絕穿堂煞之外更區分居家與外部走道空間，而隱藏門的設計則破解了門對門的風水忌諱。圖片提供_國境設計

023 大樑配合各區做機能設計

| 不良格局 | 客、餐廳天花板有結構大樑，加上廚房作開放式設計也形成爐灶外露。 |

破解方式 ›››

為避免客廳主沙發被壓在樑下，先將大樑搭配造型做電視牆，餐廚區則將樑與吧檯結合，同時也藉吧檯遮掩爐灶，至於客餐廳間的樑則用拉門與裝飾柱修飾，將機能與柱體完美結合。圖片提供_遠喆室內設計

024 降板遮大樑並界定區域

不良格局 大廳轉進房間天花板的區域，因建築結構需要，導致有一根無法避開的低樑。

破解方式 ›››

將餐廳及廚房前緣的天花板做局部降板設計，用以掩飾大樑的突兀感來化解庄頭煞，同時將空調管線藏在餐廳天花板，至於客廳則保留屋高，讓空間不至於太壓迫；另外，正對大門口的屏風與高櫃則有效遮擋穿堂煞。圖片提供_德力室內裝修

025 流暢動線納氣招財

不良格局 一般動線較為方正，但流線形動線勾勒了空間活潑面貌。

破解方式 ›››

動線象徵氣場的流動方向，因此好的動線規劃能帶來好的氣場流動。設計師特別規劃了流線型的空間動線，來讓空間視覺顯得活潑之餘，帶動氣場流動。圖片提供_禾捷室內裝修/禾創設計

特別篇

CHAPTER 1 格局篇

客廳篇

臥房篇

餐廚篇

浴廁篇

其它篇

026 大動格局換來好氣場

不良格局	三房老公寓卻有著入門見牆角、走道對門等問題，更重要是原來三房配置不當，產生很多閒置空間。

破解方式 ›››

要解決多重的風水問題又要讓格局配置符合屋主需要，且不能浪費坪效，設計師選擇將空間重整，原來入門就看見的牆角是因為臥房規劃位置有問題，設計師便將房間拆除規劃餐廳，並整合成為客廳電視造型牆面。圖片提供_EasyDeco藝珂設計

Before

After

027 視覺端景牆面，巧妙擋煞

不良格局	大門口正對陽台，在風水上有破財、窮困等的疑慮。

破解方式 ›››

設計師以淡雅典麗的新古典為主軸，在進門處以金色線板與文化石結合的視覺端景牆，巧妙地遮蔽大門口正對陽台的穿堂煞，設計師更利用玄關處與客廳背牆，做了一個簡單的造型壁爐，而金色線板也有代表財富的風水設計巧思。圖片提供_陶璽室內設計

028 低樑區規劃衣帽儲藏室

不良格局	大門天花板上有突出低樑，且右側臨廚房處也有大柱體。

破解方式 ›››

將低樑區與右側柱體圍出的L型格局設計為走入式衣帽間，一來解決玄關無收納空間的問題，同時也讓樑與柱化為無形。而廚房邊的柱子延伸可連結吧檯，並在廚房內側規劃出收納櫃與冰箱位置。圖片提供_德力室內裝修

特別篇

CHAPTER 1 格局篇

客廳篇

臥房篇

餐廚篇

浴廁篇

其它篇

029 水平書櫃用書香化煞

不良格局 大門進入後會直接面對外面的落地窗，也同時會看到廚房區的爐灶。

破解方式 ›››

從玄關到客廳的牆面以橫向水平層板書櫃一路延展，在終端跳脫牆面以弧形角度轉折，形成大門與落地窗的視覺隔屏，也一併蔽住爐灶，解決了穿堂與見灶的禁忌。大面積的櫃體亦滿足業主許多書籍收納以及紀念品展示的空間需求。圖片提供_PartiDesign Studio

030 多層次天花板 化解煞氣有秘訣

不良格局 客廳連接臥房的上方天花板有支超級大樑，帶來壓樑的頭痛風水，更讓空間備受壓迫。

破解方式 ›››

因為樑的存在感實在太強，無論用裝潢包覆或隱入天花板，都會讓空間變得更狹小，視覺也受壓迫，設計師以多層次方式製造天花板的高低差，納入空調線路同時加上間接燈光，整體設計與電視牆稜線搭配得天衣無縫。圖片提供_南邑設計事務所

O31 破解對門煞房間加倍大

不良格局 家中房門相對，口角是非多，尤其是長輩房門對到小孩房門，小孩主觀意識會比較強。

破解方式 ›››

設計師考慮到家中成員的使用需求，將格局重劃，原本客廳位置變為主臥房，而房門相對的房間，一間改為與主臥相連的更衣室，不僅空間變大，也化解平時門對門的忌諱。圖片提供_明代室內設計

Before

After

特別篇

CHAPTER 1 格局篇

客廳篇

臥房篇

餐廚篇

浴廁篇

其它篇

032 半透屏風營造無煞空間

不良格局 開放式格局讓場域變得寬廣，但也進門即見窗，室內增了許多煞氣。

破解方式 ›››

屋主本身喜歡自然舒服的居住風格，因此簡約的陳設和通透的空間成了裝潢重點，然而開放空間難免出現格局中的煞氣，為消減開門見窗的穿堂煞，設計師以方格造型屏風在室內作了小魔法，二進式的設計讓室內充滿躍動朝氣，隔住了煞氣卻未隔住光線，讓室內增添溫暖生活感。圖片提供_金岱室內裝修

033 雙櫃打造客廳二進層次

不良格局 餐廳有低樑外，客廳更因為少了屏障而難以聚氣納財。

破解方式 ›››

在大門與客廳之間先規劃一座雙面櫃，既增加玄關與客廳二側的收納機能，也讓客廳更有包覆感與層次性；此外，餐廳的低樑則以中低二端高的弧形天花板來因應，而且低點恰可懸吊燈飾。圖片提供_德力室內裝修

034 大珠小珠落玉盤，造型屏風有型擋煞

不良格局	大門正對餐廳廚房以及屋子後方的落地窗，形成穿堂煞。

破解方式 › › ›

長形屋的格局容易有大門對應餐廚區以及落地窗的風水困擾，以樓梯為界線，將階梯立面結合鐵件隔柵，透過大大小小的圓形銅盤達到視覺遮掩的效果，點、線、面的元素豐富空間設計感，也成功破解穿堂煞。圖片提供_上景室內裝修設計工程

035 阻擋煞氣不阻擋財運

不良格局	因為坪數較大，靠近大門處光線不足，且入門即見到室內，缺乏住居隱私感。

破解方式 › › ›

門口處以毛玻、原木柱建立玄關，並順勢將進出口轉了方向，讓門不至直接對窗，形成散財格局，而毛玻璃的壁面讓自然光延伸至裡，即使在大門處依然能感覺空間的通透感，面對大門處則可擺上吉祥招財藝術品，對進門的每位客人來說都能有興旺、納福的好運。圖片提供_浩室空間設計

特別篇

CHAPTER
1

格局篇

客廳篇

臥房篇

餐廚篇

浴廁篇

其它篇

Before

036 位移浴室轉換中宮氣場

<table>
<tr><td>不良
格局</td><td>40年的老舊公寓，不只屋況需要重新調整，格局配置也犯了風水大忌，浴室就位在房子的正中間。</td></tr>
</table>

破解方式 ›››

浴室位在中宮是居家風水最令人頭痛的問題，要化解只有更動原來空間配置，於是設計師便將浴室位移，原浴室則調整為書房，以玻璃隔間將光引入中宮，讓中宮更為明亮，解決問題風水。圖片提供_EasyDeco藝珂設計

After

037 玄關櫃讓居家開門不見灶

不良格局 因格局過於通透，大門進入直接就能看到廚房區爐灶，犯了風水忌諱。

破解方式 ›››
利用鐵件與木作雙面格櫃區隔開玄關與廚房餐廳區。一方面遮擋及解決開門見灶的疑慮同時也創造虛實相間的雙向互動空間。雙面的虛實造型櫃同時做到展示及收納的功能，局部鏤空的設計還能連結玄關、餐廳及客廳。圖片提供_PartiDesign Studio

038 典雅端景牆確立玄關區

不良格局 大門一開即看穿大廳全景，加上大門直視落地窗導致有破財煞與穿堂煞的忌諱。

破解方式 ›››
為避免毫無遮掩的大廳格局，在大門與客廳之間設置衣帽間，如此規劃可讓玄關格局更明確而完整，同時遮掩了穿堂煞，並且解決玄關的收納機能，成為貼心又能解決風水格局的好設計。圖片提供_遠喆室內設計

特別篇

CHAPTER 1 格局篇

客廳篇

臥房篇

餐廚篇

浴廁篇

其它篇

039 金色屏風開門見財

不良格局	大門對室內房門，一入門即見財庫外露，完全無法聚財。

破解方式 ›››

大門正對房門，風水學上稱為「對門煞」，而房間是財庫之一，為避免漏財以及擔心被窺視，在玄關處規劃造型屏風遮擋入門視覺，給予家人安全感。水紋玻璃中間的金箔材質有招財用意，金光閃閃也給予開門見財的好兆頭。圖片提供_上景室內裝修設計工程

040 兼顧視覺、收納與風水的鞋櫃

不良格局	原本大門進入會直接面對客廳整片的落地窗，形成所謂風水穿堂煞的禁忌。

破解方式 ›››

利用木作與玻璃設計出上下櫃的隔屏界定出玄關空間來做為穿堂煞的遮擋，亦可增加客廳區的安全感。不僅解決煞氣，也創造收納空間，中間段採用不同間隔與顏色的玻璃製造不同的視覺層次，並將光線引入玄關。圖片提供_PartiDesign Studio

After

Before

041 創意放大空間，化解不良風水

不良格局 原始格局房門對房門，是風水的對門煞禁忌，家人感情容易不睦。

破解方式 ›››

設計師在做整體規劃時發現隔間太多，空間顯得零碎狹小，因此將格局重新規劃，把原本與客、餐廳平行的房間改作開放設計的多功能閱讀區，刪掉一房隔間，只保留主臥與一間客房。另外，將二房間交接處的客浴與主臥浴室外牆做打斜設計，巧妙地為主臥爭取一處儲藏室空間，也化掉原本門對門的煞氣格局。圖片提供_禾光室內裝修設計

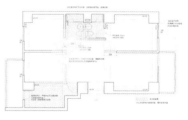

Before

After

Chapter 2

客廳篇

客廳，屬於全家人互動聚集的公共場域，也是接待客人、交誼的開放場所，這裡包含了大門、玄關及進入各區域的動線，更是連結其它空間的重要區域，因為有窗、有門、有過道，良好的客廳格局牽動的層面極廣，可能暗藏的煞氣也最多，如何能在既有空間中打造全家人自然聚集的環境，則是客廳風水需要最先思考的一件事情。

圖片提供_遠喆室內設計

LIVING
ROOM

心與心緊緊牽繫的場域

　　客廳代表了一個家的核心，是訪客從開門入內時對家的第一印象，在室內住宅設計中，通常也是家中位置最好、最舒適的場所，陳設往往也不止一台電視、一張沙發這麼簡單，因為客廳是供全家人一起互動的主要場域，要考慮的，是一家人在這的活動狀態，如果不能成為每個人都喜歡的空間，那麼全家人也難有向心力。因此，客廳環境的風水好壞，直接影響家運的盛衰，更牽動家中每一個成員。如何打造全家幸福的客廳？需掌握以下大原則。

自在

　　客廳等於一個家的門面，也代表著屋子主人的品味，因此很多屋主崇尚各種設計風格，或是把客廳當成彰顯地位能力的象徵，將此環境打造得像博物館，但其實比起訪客，全家人才是要待在這裡最久的地方，一切設計都要能讓自己精神放鬆舒服、安心休息為前提，而不是另一個娛樂場所，因此在設計上，應以簡單、清爽為原則，讓這裡成為能釋放負能量、迎接正能量的休息場域，一般來說屋主也可根據自己的出生年月日，依照風水五行的喜忌，量身打造能助旺運勢的客廳風水。

納氣

　　好的客廳格局首要能「納氣」，由於客廳屬於家中對外對內的公共中心，氣氛對了，家人相處自然和諧，外人自然能帶進好的能量。通常方正、明亮無死角的格局最能帶來祥瑞之氣，所謂的方正象徵的是一種四平八穩的氣勢，如果客廳藏有光線照不到的角落，或是看不到的畸零地，都讓人潛意識中帶有某中疑慮，自然容納不了四面八方的祥氣。

藏氣

　　除了收納吉氣之外，客廳主掌著屋主的官運、財運及貴人之運，這裡所謂的藏氣，也就是要把納來的祥氣收好，常見現代室內設計中不少開放式的住宅格局，或是有門窗相對的穿堂風，少了隔間，空間放大，但氣流毫無轉圜與停留的空間，福氣稍縱即逝，財來財去、存不住錢，全家人也容易奔走四方，成為缺乏安心久待的地方。

透氣

這裡的透氣，是一種視覺上的通透無壓，最重要的，就是上方空間——也就是天花板與樑的處理，客廳中的天花板不宜過低，以國內男女身高比例來說，2.8公尺的樓高最適宜居住，天花板層次過多或過低，或是造型歪斜，都會在無形中加重精神上的負擔，使人愈住愈累。天花板的大樑也經常考驗著設計，以現代常見的鋼骨建築來說，室內縱橫交錯的樑容易造成居住者無形的壓迫感，最需要想方化解。

順氣

比起房間，客廳往往與其它空間相連結，構成客廳的元素複雜，因此傢具陳設顯得格外重要，不可阻礙進出行走的動線。以沙發主位來說，要是沙發位在行走動線上，或後方有門，都容易讓人坐在此的人分神不安，沙發若擋到窗，不僅讓坐在此的人無安全感，同時室內光線受到阻隔，氣不順、事不成，反應在運勢上就可能影響事業的進行。

客廳的風水忌諱

不可無窗

呼應前面大原則所描述，客廳重視光線，除了室內照明的調節之外，客廳要避免無窗的格局，有窗者也不宜長期以不透光窗簾密閉，以免家運黯淡。

對角財位禁忌

有關財位的描述雖然各家各派皆有不同，不過客廳進門的左、右45度角通常是全家的「明財位」，這裡不宜壓樑或堆積雜物，也不宜放置鏡子，阻礙家人的運勢。

不宜有陰性照片及畫作

客廳屬於家中公共空間，有些屋主喜歡把大幅的結婚照懸掛牆頭，或是放置裸體藝術畫作等，容易造成夫妻刑剋，或引來爛桃花，為客廳的一大忌諱。

猛獸圖像及假花假草不宜

風水學理中虎、豹、鷹、狐、熊等則為猛獸，將猛獸畫作懸掛客廳，則要當心引發疾病、災禍，尤其要避免猛獸頭部朝向室內的圖，此外，白鶴、鳳凰或麒麟等屬於祥獸不在風水禁忌之中。有些客廳屋主喜歡擺放假花假草或乾燥花，這也是風水裡的忌諱，易帶來婚姻問題，或造成未婚成員遇人不淑、屢遇情傷的氣運。

趨吉避凶的第一道防線

有人說，房子風水的好壞，取決於大門，從大門往外窺，將能了解房子的位置、座向，從大門往內看，則能觀察出全室空間配置，無論怎麼看，大門都是全家人連接室外環境的主要通道，相當於人的咽喉，也往往是家人趨吉避凶的第一道防線。

大門風水的大原則

大門有三大風水重點：開門見紅、開門見綠、開門見福。

開門見紅》紅色象徵著春聯、屏風，大門一進來就能沾到喜氣。

開門見綠》意指一進大門就能感受到自然植栽、生氣蓬勃，自然也能迎好運進門。

開門見福》不是指特定的「福」字，而是能讓人舒服的物件，例如賞心悅目的圖畫或工藝品，主要是體現房屋主人的文化品味，及調節緊張勞累的心境的作用。

大門風水喜忌

大門是全家人每天進、出必經的地方，直接影響全家人的人際關係、財富和運勢，與家中每扇門對應的位置、方向，及各門之間的相對位置和互動關係，也直接影響家中和諧，想要扭轉不佳運勢，或提升家庭行運，藉著調整大門風水，就有機會能夠化裂煞迎接喜氣。

①不可對窗、廁、後門

根據風水學忌直衝，喜迴旋的原理，大門是氣流進出的關卡，不可與窗、後門連成一線，否則難以納氣，而浴廁用於排泄、沐浴，總是隱藏著污穢之氣，和大門相對將使室內氣場混雜，影響門庭內氣。

②不可正對電梯或樓梯、走廊通道

大門忌諱直通的大道，而電梯在形式便是上下升降的大道，對著電梯、走廊的大門，必然是動靜不諧。

③門外區域不宜見到污物

自家門內門外的衛生對風水有著多重影響，尤其門外著重的是觀感印象，以及一家的家風，需經常保持乾淨，才能納來吉氣。

④不可正對爐灶

家居裝修風水中，火，代表了居宅的興旺，代表了後代的健康，大門對著爐灶，門內見火，可能引發退火冷灶。而使工作的旺氣減弱。

⑤避免大門斜角

有些設計師為了避開室內大樑，選擇做斜的造型，但風水上，斜門有邪門之意，不適合長期使用。

⑥避免大門門片污穢、破損、龜裂

門片及門框呈破落敗亡的景象，家運一定不好，也會使別人覺得你家不太注重衛生、個性懶散、不會主動做好自己該做的事。

運用大門五行搭配開運色

如何佈置開門見喜的大門風水？從大門方位即可找出對應的五行，再依五行的喜忌挑選能增旺大門風水的色系，就能為全家運勢加分，當然也可從家中主人的命卦數五行尋找屬於自己的好運配色，可翻至本書附錄P193。

大門方位	對應五行	大門開運色彩	大門忌諱色彩
北方	水	藍色、大地色、金屬色	金黃色、紅色
南方	火	紅色、綠色	藍色、金屬色
東方	木	綠色、藍色	金屬色、金黃色
西方	金	金屬色、金黃色	紅色、綠色

大門相當於人的咽喉，是全家的第一道防線。圖片提供_浩室空間設計

室外至室內的第一緩衝空間

玄關原是指以室外進入室內的一個過渡性緩衝空間，而現代住宅中的玄關，就是由中國古宅中的影壁牆〈照壁牆〉演化而來的，它的作用主要是阻擋來自室外強大氣流的沖射，及保持室內生活的私密性，玄關也可以促使從大門進入的外氣轉向，原本從凶方直入的外氣，在玄關的轉化之下，改為從吉方轉折而入，符合風水「趨吉避凶」之道。

玄關的風水重點

①玄關處不宜太陰暗，宜明亮

明亮的玄關代表陽氣強，能為全家帶來陽光歡樂的心情，相反的，陰暗的玄關在風水上形成陰氣，難以引進好的能量進入家門，也就難以製造旺氣。

②玄關不宜雜亂

玄關是由大門進來的第一道防線，就應表現體面，不應方便就在此隨意堆放鞋子，鞋與「諧」同音，如果鞋子亂放，家庭必然不「和諧」，另外，也不宜堆放太多舊物，可置放收納櫃擺放多餘雜物，但櫃子的大小需依玄關的空間做選擇，過大的櫃子遮阻大門氣流，充滿壓迫感，過小的櫃子收納機能也小，不一定符合需求。

③玄關收納的收納原則

一般玄關處的鞋櫃高度約140至150公分，上方作為展示平台，也有許多人在玄關處設計了頂天高櫃權充為牆面，那麼收納原則是上方三分之一放雨傘和衣帽，中間放置家中常用的工具雜物，下方才放鞋子，總之要以容易就手拿取的原則，才不致亂擺亂放。

④玄關與大門的最佳比例

玄關與大門間的距離最好取大門寬度的1.2至1.5倍，若過於狹窄，讓大門無法全然開啟，或是開啟後卻碰到玄關牆面，都會影響錢財收入。玄關的寬度也不能只有大門寬度的一半或三分之二，否則反而產生直角壁刀，影響風水。

⑤穿堂迴旋轉化衰氣

玄關設置的最主要目的，便是製造緩衝空間，讓人無法在進門處對家一眼望穿，因此玄關最好要與大門不同方向，但不要全然透明，才能以造型牆阻隔一眼望進的視覺端景。

⑥玄關藏鏡有技巧

玄關處放置全身鏡，可以在出門前正衣冠，是非常恰當的做法，但要在玄關處放鏡子，就要考慮大門的位置，鏡子不可直接對到大門，讓人一進門看到自己，總有受到驚嚇的感覺，況且，大門迎接的是自外而來的第一道旺氣，若是一開就全反彈回去，完全無法納氣生財。鏡子最好的就是設立在大門兩側。

玄關為歡迎訪客之處，可呈現愉快、幸福的視覺。圖片提供_陶璽室內設計

幸福玄關佈置法則

玄關是家中待人接物的開端，佈置建材最好以耐用、美觀為原則，地板則宜平整，最好不要有高低階層，或做成階梯，水平的地板才能帶來宅運的暢順。而地板顏色可以深沉，穩定進門的感覺，象徵根基深厚，至於玄關的天花板、牆面選擇不增加眼睛負擔的中性色彩最佳，當然也可以依據屋主喜歡的設計風格呈現，只是玄關處最好避免令人不安的顏色如黑色、大紅色等，恐會有反效果產生。

玄關為歡迎外來訪客之處，在佈置上，可以呈現愉快、幸福的視覺，像是鮮花有利家運，黃色水晶有利財運，白色藝術品則能給人高雅、品味的印象，但不宜擺放空花瓶，也不適合有尖刺的仙人掌植物。

避免拱型墓碑煞氣

許多人為呈現居家生活的美滿，喜歡將照片、月曆或電影海報等懸掛於大門後面，但這可能犯了風水大忌，大門上掛照片，有阻擋門神的意味，更容易招來邪靈侵入，而隨手將衣物掛在門後，也是進屋製造髒亂的開始，讓好運遠離。

另外，許多屋主為了展現美感，把玄關設計成拱型，充滿異國情調，但就國內傳統習俗來說，拱型狀如墓碑，可能會帶來不幸，一定要避免。住宅大門的設計也與家運好壞有關，是一家人的門面，宜保持體面，宜新不宜舊，更要時時保持乾淨明亮，如果門片有所破損，則要立即更換。

特別篇

格局篇

CHAPTER

2

客廳篇

臥房篇

餐廚篇

浴廁篇

其它篇

庄頭煞

天花板有大型突出物像是水晶燈等落在座位區，尤其是沙發、餐椅上方，容易帶來壓迫感，吊燈位置過低、過於刺眼或過於搶眼，都易影響思慮，並干擾氣氛。

化解法

控制吊燈的長度和大小，以不干擾居住者視線為原則，通常吊燈需要足夠寬闊的空間才適合擺放。

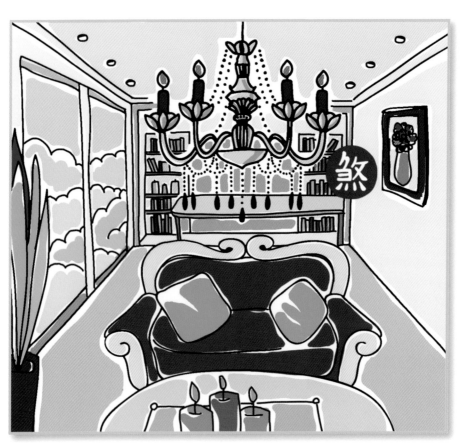

插畫提供_黑羊

大型吊燈雖能強調客廳的氣派，但在下方沙發待久了容易疲累。

沙發無靠煞

　　沙發後方為走道或起居空間，讓沙發成為一懸空狀態，坐在此處易讓人缺乏安全感、心情浮動，工作運勢起伏，且人際關係偏弱，在風水學中，這樣亦為沒有靠山，事業工作難以順心。

化解法

　　沙發需倚牆擺放，或在後方設立收納櫃或長桌，與走道保持一定距離，遠離空間中易干擾的因素。

插畫提供_黑羊

若經常有人在沙發背後走來走去，易使心情起伏不定。

特別篇

格局篇

CHAPTER

2

客廳篇

臥房篇

餐廚篇

浴廁篇

其它篇

破 財 煞

　　除了前面所說的「入門煞」外，凡自外而內進入時，一開門即見到客廳生活動態，家人居住生活毫無隱私及安全感，屬於破財煞，會致使家中存不住財，同時有官司是非、需花錢消災的麻煩上門。

化解法

　　設立玄關空間，或以牆、屏風遮擋進門的視線，一般套房也可以設置門簾阻隔外來的視線，化解煞氣。

插畫提供_黑羊

少了玄關的客廳等於少了一層保護力，容易有破財災禍。

孤傲煞

　　客廳小於臥房空間，易造成房中主人無形間自我膨脹、孤傲自閉的情況，而需要交流互動的客廳場域若狹小氣悶，容易讓家人不易聚心，彼此同住卻距離遙遠，也讓進門拜訪的客人不想久待，難有貴人。

化解法

　　需要重新隔間，調整每一場域的活動範圍，或是將客廳合併餐廚空間，成一開放式寬廣大客廳。

插畫提供_黑羊　　　　　　　　　　　客廳小房間大，易讓家人感情愈來愈疏離。

特別篇

格局篇

CHAPTER

2

客廳篇

臥房篇

餐廚篇

浴廁篇

其它篇

斜角煞

客廳的45度斜對角度有對外的窗或為走道、門等，屬於斜角煞。此處為俗稱的財位，通常是聚全家之氣的地方，如果此處剛好開窗或擺放垃圾桶等，氣難以聚集，錢財易留不住。

化解法

需將窗戶封掉約60公分寬度，門則作成暗門等裝潢方式化解，此處可擺放招財貓、盆栽等物品提升財氣。

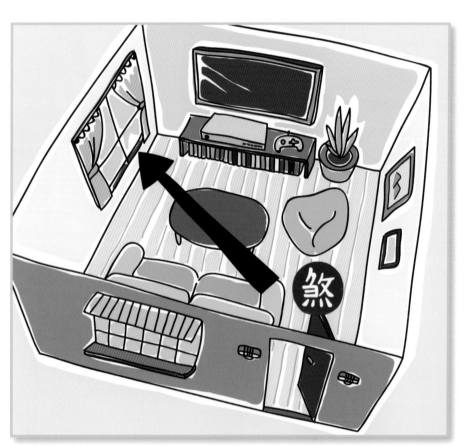

插畫提供_黑羊

大門進入的斜對角處風水，影響著家中財運。

坎坷煞

又稱不平煞、勞苦煞，很多人為了區隔空間場域，架高部分空間，但客廳中出現高低落差的地板最易影響男主人，可能招來意外傷害，也主命運多波折、變動極多，前高後低的地面則象徵家運節節敗退。

化解法

以不同地板建材區分空間，或從天花板的區隔場域，避免不平地面的設計，若房子地面本身不平或歪斜，最好重新施工。

插畫提供_黑羊

客廳地板若有高低落差，不僅容易發生危險，風水上也是不佳的格局。

靠窗煞

客廳中若沙發背後靠窗，或是沙發側邊臨窗等，風水上都屬於「無靠」，因為窗是另一空間的延伸，無實質倚靠力量，沙發靠窗，代表事業工作難有貴人，也要預防小人背後中傷。

化解法

改變客廳擺設方式，讓沙發後為高櫃或牆，窗戶可在下方設置收納空間，隔出適當距離。

插畫提供＿黑羊

沙發側邊靠窗或背後靠窗都可能使房子主人無貴人提拔，或受小人陷害的風險。

客廳篇
破解室內煞氣的好住提案

LIVING
ROOM

特別篇

格局篇

CHAPTER

2

客廳篇

臥房篇

餐廚篇

浴廁篇

其它篇

042 窗前擺臥塌，扭轉壞風水

一入門就會看到大面窗，風水上屬於穿堂煞，象徵漏財。

破解方式 ＞＞＞

風水中很避諱一入門見窗，通常會用玄關來規避這樣的不良風水。不過如果房子本身格局無法安置玄關空間，也可以在窗戶前擺臥塌，並在一旁安置收納櫃，吸引視覺注意，就能避開煞氣。圖片提供_鼎爵設計工程

043 通透感十足廣納各方好福氣

客廳中上方有樑壓的煞氣風水，開放式的大格局同時也有難以聚氣等問題。

破解方式 ＞＞＞

設計師以天花板方式化解大樑存在感，再依不同場域畫分出天花板的高低差，讓空間雖大卻能有所區隔，沙發背後以透視感強的大方玻璃搭木框欄，隔出客廳後的閱讀場域同時不影響室內明亮度及通透感。圖片提供_金岱室內裝修

044 不透光窗簾化解客廳煞氣

　前門後窗直接相對無遮蔽，構成難以聚財的客廳煞氣。

破解方式 › › ›

此案例為狹長型空間，門、窗等對外開口均在一直線上，形成穿堂風格局。但由於玄關空間不足，無法以傳統做隔屏的方式擋煞，設計師巧妙地運用厚重窗簾遮檔，同時解決空間與風水的雙重問題。圖片提供_陶璽室內設計

045　多層次天花板解煞

　客廳上方天花板有大樑橫越，形成影響健康的破腦煞。

破解方式 › › ›

運用嵌燈和立體交錯層次的天花修飾，讓天花板有了更豐富的立面，配合傢具的設置，適當劃分了客廳的活動區域，既解決壓樑問題，更讓樑悄悄隱沒於天花板的活潑層次中。圖片提供_杰瑪設計

特別篇

格局篇

CHAPTER

2

客廳篇

臥房篇

餐廚篇

浴廁篇

其它篇

046 沙發矮隔牆巧妙形成人造靠山

不良格局 沙發背後沒有實牆，在風水上形成「無靠山」的不佳風水。

破解方式 › › ›

設計師於沙發背後設計風格一致的白色矮隔屏，製造「人造靠山」，沙發後有
靠，則無後顧之憂，才符合風水穩重、有靠山之意。反之如沙發背後無靠，空蕩
蕩一片，在風水上是散洩之局，難以旺丁旺財。圖片提供_陶璽室內設計

047 移動拉門阻擋煞氣

不良格局 進門即是落地窗，喪失聚氣效果，
並因室內氣場不穩，容易造成人性
格急躁、漏財情形。

破解方式 › › ›

一般針對穿堂煞，設計師多會採用屏風或是櫃體
阻擋漏財煞氣，但此案設計師則是運用素色門片
作於落地窗遮擋，也不失一種方式。另外選擇不
透風的隔屏，或是窗簾，也可以在這樣的狀況下
考慮。圖片提供_里歐室內設計

048 多功能衣帽間阻避煞氣

破解方式 ›››

因應出入大門的收納機能需求，也考量屋主需要放置鋼琴的角落，所以在餐廳旁規劃衣帽儲藏間，確立了玄關位置，也擋住毫無遮掩的落地窗，更重要是增加鋼琴擺放區，更能滿足屋主的生活需求。圖片提供_遠喆室內設計

049 拼接設計一物多用

破解方式 ›››

通透光亮的落地窗，讓客廳滿溢自然光，雖感寬闊，但一進門全室格局全部看盡的「走光」佈局難以納氣，設計師以拼接式原木玄關櫃作為阻隔，更多了收納機能，室內端景也更豐富了。圖片提供_PartiDesign Stdio

特別篇

格局篇

CHAPTER

2

客廳篇

臥房篇

餐廚篇

浴廁篇

其它篇

050 櫃體坐鎮，客廳氣場更安穩

<table>
<tr><td>不良
格局</td><td>原本書桌座位後方為窗戶，易形成椅背煞與犯小人的問題。</td></tr>
</table>

破解方式 ›››

由於客廳採開放格局，加上原書桌方位後方為窗戶，少了可倚靠的牆面，文昌能量單薄，因此讓書桌轉向與餐桌做連結，同時在背後規劃三座門櫃，成為書桌的厚實靠山。圖片提供_演拓空間室內設計

Before

After

051 隱藏門片，遮蔽廁所

破解方式 › › ›

風水有很多流派，屬於科學風水的說法是居住者住起來舒適的，就是好風水。屋主因為不喜歡在客廳內看到廁所門，因此客廳內所有的門片都做隱藏設計，空間在視覺上看起來也比較整齊，且心裡頭也舒服了。圖片提供_奇逸空間設計

052 畫龍點睛的旺財格局

**不良
格局**　　客廳沒有玄關，容易將室外的穢氣帶入室內，也會有破財的擔憂。

破解方式 › › ›

玄關為室內與室外的緩衝空間，可以讓居家擁有隱密的安全感，開門後進入玄關再看到廳堂是較為完美的格局。立面的木格柵與文化石砌電視牆產生手感對話，體現風水也需帶入美感的設計堅持。圖片提供_浩室空間設計

特別篇

格局篇

CHAPTER

2

客廳篇

臥房篇

餐廚篇

浴廁篇

其它篇

053 把大自然帶入客廳

> **不良格局** 原本是一相當開闊的空間，大門一進來便能完全看到全家人的生活，屬於不易聚財的穿堂煞。

破解方式 〉〉〉

想隔建一個能遮蔽、隱私感的玄關，但卻又有光線遮擋的顧慮，因此設計師在客廳中以木作收納櫃頂天方式置於大門邊增加份量，長度僅多出沙發少許，同時半腰處設計半凹作為小巧展示平台，作為門口屏障存在感極強但又不干擾視覺端景，成功化解煞氣創造客廳好風情。圖片提供_南邑設計事務所

054 運用玄關轉換內外氣場

> **不良格局** 一般於風水學來說門廳不相鄰，因為客廳是較正式的場所，大門與客廳間，中間宜有點區隔設置玄關，做為緩衝。

破解方式 〉〉〉

玄關即是大門與客廳的緩衝之處，因為大門是連結內外的門戶，而客廳是充滿家庭氣氛的場域，兩者之間宜有過渡和緩衝地帶。因此設計師此可設置鞋衣帽櫃，做為整理儀容的地方，主人出門或是客人來訪，都可在玄關處先整理儀容，再進入客廳或是離開；來訪客人亦可在玄關處先熟悉屋內的氣氛，消除緊張與不自在的情緒。圖片提供_里歐室內設計

055 可轉式屏風解決破財煞

**不良
格局** 開放隔間後，導致大門一開就會見到整個敞開的客餐廳。

破解方式 ›››

為了有更寬敞的客餐廳，先將房間牆拆除，使客廳移至屋中央，但也變成一入門便直接看到客廳沙發，為此設計師特別以一扇與書房共用的可旋轉屏風門來遮擋入門的破財煞，同時滿足了玄關與書房的遮掩需求。圖片提供_演拓空間室內設計

Before

After

056 大格局氣勢呈現豐足有靠好光景

不良格局　沙發無依靠易使男主人事業不穩，全家財路不順。

破解方式 ›››

本案為一大坪數住宅，屋主偏愛大器的裝潢風格，但客廳中沙發後方原本走道，形成無靠的不利風格，設計師則以莊重經典的黑色寫字桌檯，在此佈置了書寫、閱讀的空間，除了不干擾客廳的寬闊場域外，也巧妙設置安穩「靠山」。圖片提供_金岱室內裝修

After

057　機能櫃體擋煞多功一舉多得

不良格局　大門入口處沒有屏蔽直對落地窗戶，是風水中所謂的穿堂煞。

破解方式 ›››

大門入口處沒有屏蔽直接與落地窗相對，是很典型的風水穿堂煞氣。設計師運用機能櫃體作為屏障，不僅解決煞氣問題，並界定玄關場域，其櫃體更是兼具收納與電暖爐的功能，一舉數得。圖片提供_里歐室內設計

058　造型天花板避開壓樑風水

不良格局　客廳沙發位置上方有主結構樑無法打掉，但若移　動沙發位置又會影響居家動線，因此必須解決樑壓沙發的不良風水問題。

破解方式 ›››

在屋主要求動線流暢且擁有開闊舒適的空間下，設計師不移動沙發位置，而是以造型天花板覆蓋橫樑，解決沙發壓樑的風水問題，同時也利用天花板做間接照明營造氣氛。圖片提供_陶璽室內設計

特別篇

格局篇

CHAPTER

2

客廳篇

臥房篇

餐廚篇

浴廁篇

其它篇

059 玄關屏風創造幸福迴旋

不良格局 從大門一進入就會直接看到落地窗，也因為沒有玄關，室內場域一覽無遺。

破解方式 ›››
這戶是現在房型常見格局，因為開放式設計，室內場域一覽無遺，卻也使得設計與風水格局難兩全。在這裡設計師運用溫潤的木質屏風作為屏蔽，也為入口處做出玄關迴旋式內外氣場，更為空間營造大器質感。圖片提供_FUGE 馥閣設計

060 背後有靠，步步高升

不良格局 沙發獨立置於室中央，形成貴人遠離的無靠煞。

破解方式 ›››
在挑高房的案件中，原本沙發獨立空懸在客廳處，在風水上形成背後無靠的無靠煞，設計師運用階梯作成收納櫃體，一階階的拼接出造型牆，不僅美化了空間，也讓沙發有了穩固的依靠。圖片提供_杰瑪設計

061 封窗改造呈現風格美感

不良格局　客廳電視牆左右有著一大一小的氣窗，不僅影響看電視，畫面也顯得零碎。

破解方式 ›››

由於客廳側面已有主要採光面，因此將正面電視牆的怪異窗戶封起來，並且以白色大理石與壁紙裝飾出新古典風格，化解原先奇怪的格局。圖片提供_遠喆室內設計

062 客廳玄關墊高地板破煞氣

不良格局　一入門見窗，是漏財的風水格局。

破解方式 ›››

風水內很避諱入門就見大面窗，象徵財庫留不住，但封掉窗戶又少了一片景觀。這時候可以墊高地板破煞氣，再利用大門上的吉祥圖騰增添好兆頭，並在窗前規劃窗台，擺放一些擺飾緩和入門直接面對窗戶的問題。圖片提供_鼎爵設計工程

063 機能屏風巧妙化煞

客廳常使用開放式格局讓空間顯得寬大，但卻容易有門對門或是門對窗等穿堂煞的問題。

破解方式 ›››

本案公共場域採取開放空間設計，令視覺感受寬闊舒適，但因為大門直對落地窗，有違風水門對門的穿堂煞氣，設計師運用機能屏風櫃體屏蔽，也為空間做出界定，讓門口有玄關場域好轉換室內外氣氛。圖片提供_明代室內設計

064 以造型化煞保留客廳原味

不良格局 大門直接對著室內起居空間，產生破財煞。

破解方式 ›››

新成屋擁有開敞自由的空間優勢，但會有廳堂直接向外的風水禁忌，以柵欄造型做為與室內空間的交界，化解大門面對客、餐廳的直接視線，藉由燈光的投射，替居家增添光影美學的幽柔神秘的表情。圖片提供_浩室空間設計

065 引進滿室好風好水

不良格局 封閉牆壁遮掩了好氣場的流動。

破解方式 ›››

原本的屋子並沒有大面窗，且水泥牆壁窗戶狹隘，浪費了眼前一片大好風光。風水很講究氣場，引進日光、綠意，象徵把好氣場帶入室內，才會有好的氣流流盪在室內。圖片提供_鼎爵設計工程

特別篇

格局篇

CHAPTER
2
客廳篇

臥房篇

餐廚篇

浴廁篇

其它篇

066 透過櫃體保留光線阻煞氣

**不良
格局** 大門入門正對落地窗，構成了穿堂空間。

破解方式 › › ›

展示櫃同時也是屏風，做為客廳和走道之間的空間區分，設計師利用了具有展示性功能的透空櫃體替代牆面，一來可以做為屏風擋煞，另一方面也維持客廳空間的完整度。圖片提供_陶璽室內設計

067 造型牆面巧妙藏壁刀

**不良
格局** 因獨立空間造成客廳出現直角壁刀煞。

破解方式 › › ›

壁刀煞通常出現於室外陽台，本案客廳中因另有其它隔間，造成視覺上的壁刀煞，設計師以鄉村風十足的造型壁爐，讓視覺有了更多想像空間，自然也淡化了壁刀的存在。圖片提供_采荷室內設計

068 打破風水限制，用風格營造福氣格局

不良格局　15坪的空間中，因臥房面積大於客廳，在風水上易產生喧賓奪主的煞氣。

破解方式 ›››

小坪數格局受限於場域不夠寬廣，往往易有房間大於客廳的困擾，設計師將客廳與主臥的牆面內縮，沙發背牆以文化石為基底作為視覺端景，內凹且附有照明的展示台讓牆面少了巨大感，成功以風格化解室內煞氣。圖片提供_南邑設計事務所

069 造型牆面為屋主增福氣

不良格局　命格缺「木」，以客廳陳設補足。

破解方式 ›››

屋主本身命格必須多接觸五行中的「木」，運勢才會圓滿。於是客廳壁面在裝修時，利用樹的意象設計了一座收納櫃，不但能當空間裝飾，無形中也替屋子增添了木氣。圖片提供_鼎爵設計工程

070 憑窗而立的美麗窗屏

打開大門，穿過長廊進入客廳的氣流直接抵達落地窗，形成客廳穿堂煞。

破解方式 ›››

一方面要避開俗稱穿堂煞無法聚氣、聚財的格局，同時又需考量客廳沙發旁的動線功能，是否有地方安置屏風，最後決定在落地窗前加設遮擋窗屏，同樣能化解無法聚氣的穿堂煞問題。圖片提供_演拓空間室內設計

071　淺缽天花板化解低樑

不良格局　大樑將客廳天花板切為兩半，加上餐廳也有另一隻樑，讓空間備感壓迫。

破解方式 >>>

為了要避開大樑，同時又不能讓天花板過低的考量，將客廳中央的樑位設為最低點，而左右則用上升弧線拉出淺缽型天花板造型，而餐廳走道也以降板與右牆串聯，讓二根樑消失於無形。圖片提供_德力室內裝修

072　端景屏風，創造開運風水

不良格局　因為兩間打通的格局，客廳於格局的正中央，再加上有一整排的落地窗，入口正對陽台，形成風水上的穿堂煞。

破解方式 >>>

針對穿堂煞的問題，設計師打造一座L型玄關牆面予以化解，同時也營造視覺端景，並讓空間動線得到更明確的引導。圖片提供_陶璽室內設計

特別篇

格局篇

CHAPTER

2

客廳篇

臥房篇

餐廚篇

浴廁篇

其它篇

Before

073　入口設計玄關避免門見門

> **不良格局**　一入門口即見落地窗，這樣門見門的穿堂煞，在風水格局上易造成漏財、性格急躁易與人生口角，甚至影響身體健康。

破解方式 › › ›

這棟樓中樓每層樓約20坪，設計師為了破解一開門即見落地窗的穿堂煞氣，於入口處做了個雙面櫃，簡單的隔間不僅化解了風水禁忌，也讓進門後有了緩衝的空間可以穿拖鞋並調整室內的氣場。圖片提供_禾光室內裝修設計

074　沉靜壁面，引導客廳動線

> **不良格局**　一入門就會見到大片落地窗，加上屋主本身習慣有玄關空間。

破解方式 › › ›

玄關是走進大門後與室內的中介空間，有讓人緩一口氣的功效。且就風水上來說，一入門見窗容易破財，因此設計師利用水泥牆面巧妙切割了玄關和客廳，且牆面左右留縫，上方不置頂，避免壓迫感。圖片提供_奇逸空間設計

075 鐵件懸空屏風阻卻煞氣並展俐落

不良格局 因為坪數不夠大而採開放式格局設計，卻造成門與落地窗相對，形成穿堂煞氣。

破解方式 ＞＞＞

穿堂煞風水，被列為「金錢穿堂」難以經管的格局。因為被視為漏財煞氣，在此案設計師結合風水概念運用鐵件懸空屏風做遮擋，既與房內設計連結並也達到破解之效。● 圖片提供_里歐室內設計

特別篇

格局篇

CHAPTER 2

客廳篇

臥房篇

餐廚篇

浴廁篇

其它篇

076 地板墊高破解洩氣煞

不良格局 出門前門會見通往夾層的樓梯。

破解方式 ›››

陽宅風水中，有出門「不見梯」禁忌，無論是樓梯間的樓梯或電梯，風水上屬於所謂「洩氣格」。但因為都市內居住空間較為狹小，格局限制較多，可以利用「墊高」地板方式破解，正好屋主喜歡日本和室的感覺，於是整間墊高做成了和室空間。圖片提供_鼎爵設計工程

077 書桌代替牆，一樣有靠山

不良格局 沙發背後無靠牆，缺乏安定感形成「懸空煞」，運勢會因為「無依無靠」缺乏貴人。

破解方式 ›››

理想的沙發位置，最好能「背牆」且「向門」。「向門」可避小人、「背牆」能招貴人，因應開放式空間規劃，拿掉客廳後方的牆面透過書桌替代牆的靠背角色，取得背後有靠山的用意，讓客廳與書房分享開闊的空間感，也解決風水疑慮。圖片提供_上景室內裝修設計工程

078 霧面屏風界定空間層次

破解方式 ›››

考量客廳需有層次遞進的格局以避免突兀感，因此，在入門區以地板區隔出走道，搭配牆面鏡櫃與半穿透屏風來界定玄關，同時也化解不易聚財的大門格局。

圖片提供_演拓空間室內設計

079 櫃體製造大器廊道

破解方式 ›››

陽宅須具有讓屋內迴旋聚氣的效果，但穿堂煞沒有聚氣效果，還會讓風像一把刃直接貫穿整個屋子，住在屋內的人經過，便會產生煞氣、影響運勢。設計師於此運用正面收納櫃與側面鞋櫃作為阻隔，除了去除煞氣外，玄關廊道場域令空間更為大器。圖片提供_里歐室內設計

特別篇

格局篇

CHAPTER

2

客廳篇

臥房篇

餐廚篇

浴廁篇

其它篇

080 多了收納入門柱也隱藏

入門見柱或一進門就是客廳都是風水大
忌，這間位在一樓的40年老屋，同時並
存著兩個令人困擾的風水問題。

破解方式 › › ›

入門柱雖然看起來礙眼，但若能善用做好設計，也能創
造出令人意想不到的機能；設計師便利用入門柱的位置
規劃了玄關及儲藏室，讓原本礙眼又影響風水的柱子變
身成為收納空間的結構，同時也增設了玄關的空間，同
時化解入門見柱及一進門就是客廳的破財煞。圖片提供_
EasyDeco藝珂設計

Before   After

081 方正的客廳格局納進福氣

不良格局 原客廳屬不規則梯型，有著壁癌、漏水及地板突起問題，本身也因格局不方正多了許多畸零地。

破解方式 ›››

風水學上方正格局能講求家和萬事興，多角則多煞，本案設計師運用設計手法將格局修正，多餘的空間做小陽台及儲物間使用，充分考量到動線和環境空間。客廳再以舒適淡綠作為牆的主色，加上沙發、地板、地毯的搭配，再造自然有氧的新生活小宅。圖片提供_南邑設計事務所

082 用典雅風格將煞全然包藏

不良格局 客廳中房門與大窗相對，出現破財煞。

破解方式 ›››

格局簡約自然的客廳空間中，因開放式設計使視覺通透舒服，但就難免出現落地窗與門遙遙相對的破財煞，以及臥房與廚房相鄰的不良格局，設計師將改變臥房房門材質，將房間融入壁面中消失無形，輕鬆化解了風水煞氣。圖片提供_浩室空間設計

特別篇

格局篇

CHAPTER

2

客廳篇

臥房篇

餐廚篇

浴廁篇

其它篇

083 L型屏風，擋煞又加寬主牆

不良格局	大門一開就正對著落地窗，形成無法聚氣的格局。

破解方式 › › ›

由於客廳有穿堂煞的問題，加上電視牆寬度也較不足，為此特別結合電視牆造型做出L型的人造石材屏風，將遮擋煞氣與加寬電視牆的問題一併解決。圖片提供＿演拓空間室內設計

Before

After

084 闢設玄關增加大宅氣勢

不良格局 原本無玄關的大廳，形成入門見窗的穿堂煞，無法營造出大宅氣勢。

破解方式 ›››

為化解穿堂煞問題，也考量大宅的氣勢營造，在大門處以穿衣間兼儲藏室的設計來區隔出玄關，也讓客廳主沙發的左側更有倚靠感，避免一開門就見到沙發的破財煞。圖片提供_遠喆室內設計

085 利用燈光增財氣

不良格局 室內採光不夠，利用壁面顏色和燈光輔助調整。

破解方式 ›››

光線在風水上扮演重要的角色，有明亮的採光叫「明堂」，才會有所謂的陽氣（貴氣），能幫助我們引來好運勢。都市中的屋子容易有採光不足的問題，可以透過明亮的燈光設置和壁面溫暖活潑的顏色，輔助調整暗堂問題。圖片提供_禾捷室內裝修/禾創設計

Chapter 3

臥房篇

臥房，除了指夫妻主臥外，也包含了家人成員各自的房間，甚至是書房、兒童房等，由於這裡屬於較為私密的場域，房間的風水與房間擁有者有絕大的關連，如何選擇適合自己的房間，如何創造帶來好運的臥房，除了方位陳設外，與自己的先天命卦數也息息相關，好的風水能讓人情場得意、運勢順遂，不好的風水如同牢房，只會把命住得愈來愈狹窄。

圖片提供_杰瑪設計

BEDROOM&
CHILDREN'S
ROOM

打造高枕無憂的開運能量窩

陽宅風水學中，風水的三大要素分別為「門」、「主」、「灶」，也就是大門、主臥和廚房，一個家的家運究竟盛衰與否，從這三處便能得知。其中，主臥占名第二，僅次於大門，主臥風水好壞，決定了房屋主人事業、情感、健康的順遂與否，當然也牽動著整個家的運作，而除了風水忌諱的大原則外，臥房風水其實有相當程度的「個人化」，並非放諸四海皆準，還需要參考自己的先天命卦數，可翻至**本書P193頁了解命卦數的意含，及自己的命卦屬性。**

主臥床風水

臥房佔了至少三分之一的時間，因此床風水在臥房中為首要注意的部分，床搞定了才能高枕無憂，而床一定要有靠，不可犯了空懸煞，床的上方亦要小心壓樑及劍懸煞（燈管煞氣），此外，不少人講究氣氛，在床的上方置放吊燈、水晶燈，或是吊扇，都是對健康相當不利的陳設，要知道床體一如身體，床頭將影響腦部思慮，其地對方亦對應著身體各部位，哪裡沖到煞氣，就可能形成身體部位的病氣。

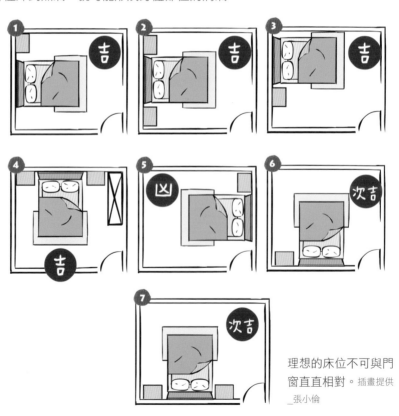

理想的床位不可與門窗直直相對。插畫提供_張小倫

此外，床的位置也要避開窗、門，理想的床位除了符合臥房主人的命卦外，與房門離得愈遠愈為佳，儘量不要與門、窗直直相對。夫妻應睡雙人床，分床而睡或一張床上擺兩個床墊都會造成夫妻失和，沒有床架的床由於直接吸收地氣，以物理角度來看代表容易潮濕造成身體筋骨上的毛病，久而久之都會成為病床。

主臥幸福佈置

主臥房掌管的是感情，所以其中的風水與擺設都影響著婚姻幸福，也有人運用臥房風水提升夫妻感情，單身者透過房間佈置，也能在無形間提升自己的桃花與姻緣。

房間忌放字畫

像是鼓動人心的書法字等，適合放在工作場域，放在臥房只會覺得違和，儘管字書內容正面又鼓舞人心，但臥房本來就屬於給人放鬆休息的空間，看到那些字眼，無形的工作壓力又上身了，這些對心情或睡眠品質都大有影響。

摒除濃艷的寢具

雖然房間寢具的風格是相當主觀的，但房間畢竟是睡眠的場所，色彩過於鮮麗雖然好看，卻可能造成睡眠品質的低落，一般來說，房間就是要佈置成能完全休息的區域，選用淡色素雅的大地色或粉色系都能營造寧靜的感覺，視覺放鬆了，心情才能自然平靜。

自在愉悅的擺設

如果對臥房沒有舒眠的訴求，基本上依主人喜好擺設就是正確的選擇，只是某些物件容易影響睡眠，像是尖銳形狀的物品、顯得森冷的金屬物品，或是大眼睛娃玩偶等，都讓人無形中難以放鬆，尤其娃娃眨著眼睛若有似無的注視感，長久相伴都可能造成精神的耗弱。此外，花草植物的擺放，有一派的風水老師認為適合擺永大葉、闊葉植物，能增進夫妻感情及財運，但另一派則認為生物將會引來蚊蟲，干擾睡眠，最好移至客廳。不論哪個派別，臥房中都不適合擺花花草草，甚至假花，以免招致爛桃花。

不適合放在臥房的東西

臥房是休息的地方，不是堆放雜物的貯藏室，特別是家電用品如電視、音響、冰箱、電磁爐、熱水器等等，都不應存在於臥房，斷絕電磁波侵害。臥房也不能設置魚缸，因為魚缸的濕氣及馬達聲，人體長期的吸收下只會帶來病害，若不常清洗，混濁的魚缸水與生病的魚，更可能招惹麻煩事。保持視覺的清爽，是臥房最重要的風水，因此絕對需要良好的收納空間，許多人習慣將雜物一古腦塞進床下，以為眼不見為淨，殊不知日日睡於其上，早以埋下身體不佳的病因，一定要避免。

書房、工作室與小孩房

書房通常針對家中正在讀書的人、應考者或文書工作者而言，或是在家工作辦公的環境，因為和學習、思考的運勢息息相關，打造能定心專注吸收的場域也成為風水的主要目的。家中書房的風水格局，除了關係到小孩的教育、學業成績外，往往也影響屋主的工作、事業運，即便家中沒有書房，也一定要有書桌的擺設，對於官運仕途才有正面影響，千萬不可拿餐桌或茶几權充書桌，以免能量的混淆。

● 書桌的方位與擺設

吉祥的書桌方向是與門向相對的，朝著門的位置擺設，不要背對著門，也不可直直對門，否則門的開闔帶來氣流，勢必影響在這裡讀書的效果。另外，朝著太陽升起的東方作為書桌朝向方向也是可以參考的選擇，關於書桌的坐向，也可參考每年的喜忌方位來決定。

此外，桌椅位置的擺放要參考室內的樑柱位置，座位上方需避開大樑，以預防壓樑帶來的思緒不集中等負面影響。書桌擺放避免正對窗戶或背靠窗戶，以免思緒複雜無法專注，但可選擇位在窗戶側邊，（但窗戶要避開西斜熱，因西斜陽光猛烈，令人煩躁而無法潛心學習。）背後可靠牆或是書櫃，提升環境的安全感。如果書房不方正，或是顏色偏暗或過於鮮豔，也都會影響心情，

書桌桌面應如何擺設？依風水學理左青龍、右白虎的原則，以坐在書桌前的方向來看，位於左手邊的書櫃需比右邊略高，由於心臟在左邊，此處須保持安穩不動，創造靜心空間。右邊從動，來來去去的作業，或是辦公文件應該擺在桌面右邊。

● 滿滿文昌能量的佈置

可從書房的顏色、材質，選擇能提升文昌能量的選項，以咖啡色、原木色或綠色系為主，這些顏色代表土、木，可以安定心神，有助於考試時的記憶力與判斷力。最好避免選擇粉紅色、紫色等會帶來桃花的顏色，因為桃花顏色會讓思緒混亂、無法專心，自然書就沒辦法讀得好。書房最忌使用大紅色，因紅色屬火，易使人暴躁、易怒，無法安心學習、工作。

書房的風水忌諱

書房的門務必避免和廁所、臥房及瓦斯爐相對，沖到廁所、瓦斯爐，易頭昏眼花，思路不通，沖到房間則容易好逸惡勞，變得怠惰好玩，想避免這些煞氣，最好的方式便是修飾門片，或懸掛文昌能量的綠色門簾或屏風。

● 最忌諱擺設垃圾桶

書房前及書房內最忌諱堆積垃圾，因其會散發出穢氣臭氣，尤其不利於參加考試者。書房中盡量不要放置垃圾桶，以免穢氣影響文昌，如果有使用需要，最好使用有蓋子的樣式，或直接丟棄在書房以外的垃圾桶。

● 不規則屋不可用來作書房

風水學中，方正的房型才能帶來四平八穩的命運，若書房有著不規則的屋型，不僅多了許多難以配置的畸零地，某些尖狹的空間也會形成尖角衝射，勢必會影響學習成績，於讀書人不利。

● 書房要寧靜

書房為獨立的閱讀空間，通常需有單獨一間的環境，最好不要放在臥房內。或與臥房合併，最好是選客廳旁的一個房間，書房內不宜放置大型音響設備。

● 書房也應能夠聚氣為佳

任何房間寧可小而雅致，也不要大而無當。尤其書房是需要凝神專注的生活環境，任何外在物都可能分散注目，無論是看書還是寫作，都難以聚精會神。

滿滿快樂能量的小孩房

小孩房的主要功能，就是幫助孩子在這裡安睡、長大，若能將此佈置成孩子喜歡的樣子，通常不需太複雜繁複的設計，只需要舒適、具功能性，就是對孩子最好的風水。

此外，切忌小孩住大人房、躺大人床，易造成子女叛逆心態，不利於學習的物品如刀、劍等以免孩子產生暴戾之氣；桌遊、麻將則使孩子玩物喪志；小孩房裡絕對不要擺放電視電腦，以免孩子年紀小小就沉迷網路及影音。

關於小孩房的門、床，風水的道理和臥房差異不大，請避開與廚廁相鄰或相對，小孩房內也不適合上下鋪，寧可使用兩張單人床，因為上下鋪空間感覺會受到壓迫，睡在下方的有壓力，睡上方的較會想離家發展。

將房間佈置成孩子喜歡的樣子，就是最好的兒童房風水。圖片提供_采荷室內設計

鏡門煞

　　鏡子反射端景，雖能放大空間中的視覺效果，但也會反射出不佳的能量，大型半身以上鏡面擺放，都避免室內鏡子正對房門、窗戶形成鏡門煞，否則會形成房間主人的財氣不聚，同時在人際上易多衝突口角。

化解法

　　改變臥房的陳設，也可以選擇將鏡面包覆的化妝檯或衣櫃，如沒有更衣間，全身鏡適合置於門後等隱蔽性高的地方。

插畫提供_黑羊

一進房門就有鏡面反射，易破壞財氣，也容易使房屋主人多有口角。

床頭空懸煞

房間中床頭若沒有靠到實牆，則形成床頭空懸煞，易使房間主人睡不安穩，處事缺乏穩定，長期居住更可能有元神損耗、腦神經衰弱等負面情況發生。

化解法

許多人為避開床頭大樑而寧可床頭空懸，這是相當不佳的做法，若不能靠牆，可在床頭設計床頭櫃、床頭平檯或是桌檯，都可化解。

插畫提供_黑羊　　　　　　　　　　　床頭沒有實牆倚靠，易造成睡眠品質不佳。

懸劍煞

　　懸劍煞就是俗稱的「燈射床」，臥房直式日光燈管剛好與床垂直陳設，燈管像箭般直直切進，睡在其中容易出現病痛及血光，燈管愈長殺傷力愈強。房中照明也不適合擺設在床的上方，易影響健康。

化解法

　　調整燈與床的角度，也可選擇圓形燈具或嵌燈化解懸劍形煞，燈具位置最好避開床的上方，也可以柔和的間接照明化解。

插畫提供_黑羊

床與身體相對應，當直式日光燈直角切進，相對應被射到的身體部位都易有病痛。

鏡床煞

　　房間中的梳妝檯或是以鏡子作為門片的衣櫥，剛好正對床鋪，即形成鏡床煞，屬於相當嚴重的臥房風水煞，半夜起床，容易被自己身影驚嚇，不僅容易引發夫妻口角、感情生變，更有損害健康的風險。

化解法

　　將鏡子與床相鄰擺放，梳妝台換一方向，移開兩兩相對的煞氣，或者選擇鏡子在櫃門內的衣櫥，透過位置轉移避免鏡床煞氣。

插畫提供_黑羊

鏡子正對床鋪，在風水學中為相當嚴重的煞氣。

沖床煞

床尾對到房門，睡覺時身體與門呈一直線，屬於風水中大凶格局，又稱開門見床，躺臥時睡不安穩、心神不寧，也使房間主人身體脆弱。基本上房門與床最好有所阻隔，門床相沖身體最傷。

化解法

可針對房門設置簡化的小玄關，或以屏風、隱形門片化解，但房門最好保持關閉狀態保持空間安定。

插畫提供_黑羊

房門直線對到床，就為沖床，但門的斜角對到則不算。

隔床煞

床的隔牆為神桌的後方，無論床頭、床尾，都構成相當不佳的風水煞氣，床頭朝神桌，則當心引發夜長夢多、惡夢連連的狀況，床尾朝神桌則大為不敬。若臥房位於廚房上方，氣場燥熱，若為夫妻房易常有口角爭執，單身者則容易孤寡，人際關係亦有負面影響。

化解法

移動床位避免煞氣位置，只要避開直直相對的區域，都可化解。

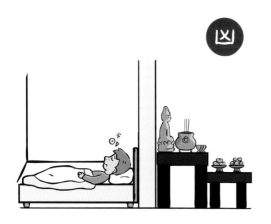 

插畫提供_張小倫

床尾朝窗煞

所謂明廳暗房，除了床頭靠窗外，床尾處正對著窗也是風水上的大忌諱，床尾對應著腳，因此有著「不安於室」，想往外跑的情況，若是夫妻房則有感情生變等問題。此外，腳朝著窗戶而臥相當不雅觀，象徵私密的事被人窺見，易有精神耗弱、疲勞等問題產生。床尾朝窗又以落地窗的煞氣最為嚴重。

化解法

調整床位，避開窗戶位置，或是在窗與床腳製造緩衝空間，不讓窗直接射進床。一般來說只要不是呈直線與床尾相對，就可避其煞。

特別篇

格局篇

客廳篇

CHAPTER
3
臥房篇

餐廚篇

浴廁篇

其它篇

臥房壁刀煞

　　壁刀煞通常出現於室外，當對門大樓樓側直角正對自家大門或窗而產生的凶煞，房間內則因設置浴廁、更衣室產生的室內壁刀對到床，而出現的臥房壁刀煞，躺在床上者在壁刀所切之處容易出現意外傷害或病痛。另外也有房門被其它室內牆面壁刀所切，亦構成臥房壁刀，臥房主人要小心血光意外。

化解法

　　弱化壁刀銳角帶來的煞氣，運用屏風、牆面佈置、收納櫃填平缺角等，都是設計師常採用的方式。

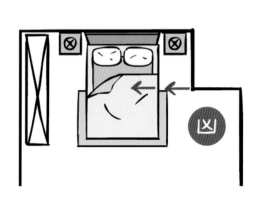 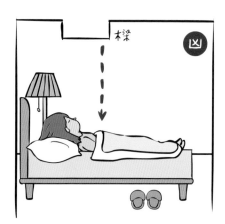

插畫提供_張小倫

樑壓床

　　相對於客廳的破腦煞，臥房中最容易出現的，便是床的上方有樑切過，無論是床頭、床中、床尾，都會造成煞氣，因為床與人體相應，凡是有樑對到的人體器官部位，都較脆弱，也要防範意外。

化解法

　　最好的方式還是移動床位，避開任何壓樑情況，或可在樑下以櫃體填補，成為可倚靠的立面，最後則是透過天花板化解煞氣，但這一方法功效較弱。

臥房篇
破解室內煞氣的好住提案

BEDROOM&
CHILDREN'S
ROOM

圖片提供_禾光室內裝修設計

特別篇

格局篇

客廳篇

CHAPTER

3

臥房篇

餐廚篇

浴廁篇

其它篇

Before

086 以無框門片，化解對門煞

不良 格局	在狹長的廊道上，主臥對客房、房門對房門，對於風水學來說屬 於對門煞，家中容易有口舌是非。

破解方式 › › ›

因為走廊本來已經十分狹窄，再加上屋主不希望大興土木調整格局，因此設計師運用隱藏式門框設計，使牆面完整，讓房門化於無形，也化解了這樣的風水煞氣。而在設計方面，設計師運用淡木色的地板與白色牆面，使得空間視感擴大，廊道盡頭的一幅畫更是成為視覺焦點。圖片提供_禾光室內裝修設計

087 佈置臥房好眠風水

不良 格局	因為房間較小，床鋪如果對門，風 水上象徵容易睡眠品質差。

破解方式 › › ›

門為進出的通道，如果床鋪正對著門，容易接收開門見床的煞氣，因此將床鋪擺放位置盡量靠窗，但是太靠近窗戶的話，也容易睡的不安穩，因此和窗邊必須保留適當距離。圖片提供_禾捷室內裝修/禾創設計

088 運用床頭櫃拉開床與樑的距離

**不良
格局** 床頭上方有樑，易引起睡眠不安穩。

破解方式 ﹥﹥﹥

樑象徵壓力，而床是人休息之處，強調安穩，床頭背板的厚度對應上方樑的深度，消抵了樑所造成的壓力，特意從床頭背板延伸床邊檯面，方便放置隨身物品，也順勢將線路開關收整於背板之中。圖片提供_上景室內裝修設計工程

特別篇

格局篇

客廳篇

CHAPTER 3 臥房篇

餐廚篇

浴廁篇

其它篇

089 斜面牆化解壓床煞氣

不良格局	在房間的天花有樑柱，容易形成壓床煞氣，在休息時易感到壓迫並影響睡眠品質。

破解方式 ›››

關於天花有樑柱，一般在設計時皆會採用包覆的方式來處理，但本案設計師考慮包覆樑柱會造成天花過低亦是讓空間狹隘有壓迫，因此採用斜面牆的方式處理，並利用其厚度做床頭展示空間，而鋪上較其它牆面深色的壁紙，讓視覺上感受不到傾斜角度。圖片提供_明代室內設計

090 繃布造型當床板，避煞又美觀

不良格局	床頭面窗，容易招惹煩惱。

破解方式 ›››

風水中禁忌床頭面窗，象徵無靠山，會招來疾病或煩惱。因為設計師利用繃布當床頭板，遮住了窗戶也兼顧了視覺美感。且繃布床板可以左右移動，左右兩邊還是保有窗戶，讓室內採光不受影響。圖片提供_禾捷室內裝修/禾創設計

091 活用空間避免煞氣壓腦

不良格局	房間多樑柱，致使空間太過破碎也有床頭壓樑的問題。

破解方式 ›››

透過在樑下方安置與樑等寬的收納櫃來化解樑煞，並使用同樣的木材質包覆樑的表面，削弱樑的存在也創造牆體效果，中間段刻意上下脫開，做為床頭置物區，而嵌入燈光的做法則能減輕量體的重量，增加臥房的舒適度。圖片提供_上景室內裝修設計工程

特別篇

格局篇

客廳篇

CHAPTER
3
臥房篇

餐廚篇

浴廁篇

其它篇

092 克服煞氣建立光感起居空間

不良格局 天花板上方有大樑縱橫，難以規劃獨立房間。

破解方式 ›››

位在客廳電視牆之後的空間，因考量到上方天花板有大樑縱橫其中，因此將此區地板架高劃分區域，以上掀式收納櫃增加物品擺放空間，架高區則成為可坐可臥的起居室，因無固定座臥位置，即使有樑在上方也不構成威脅。圖片提供_南邑設計事務所

093 以柔克剛，破解大樑破腦

不良格局 但只要躺在床上就不難看到天花板橫直交錯的大小屋樑。

破解方式 ›››

床頭處大小樑臨頭，設計師先以床頭上下收納櫃的方式展現機能並層加壁面層次，同時以照明柔化高低落差，柱子與樑用鮮明色彩修飾成造型風格，窗上橫樑則化身窗簾盒，空間中究竟誰是樑、誰是收納，一切不得而知。圖片提供_采荷室內設計

094 化解房內大樑又展示簡約

不良格局 | 主臥房內頭頂與側面有大樑，是為壓樑煞，容易使居住其中的人產生病痛。

破解方式 ›››

一般床上有樑甚或是房內有大樑，皆是大家常注意的風水禁忌，從科學的角度上則是容易產生壓迫造成居住其中者的心理壓力，因此設計師於床頭位置延伸樑柱而下形成床頭櫃，並運用間接照明展示設計，而側邊樑為了避免視覺肥胖感不做傳統倒圓，切45度角延續天花令房間呈現簡潔感受。圖片提供_里歐室內設計

特別篇

格局篇

客廳篇

CHAPTER

3

臥房篇

餐廚篇

浴廁篇

其它篇

095 去形化煞，解決廁所沖床

不良格局 主臥內的床剛好正對廁所入口，形成廁所沖床不的良格局。

破解方式 ›››

面對主臥中「床正對廁所入口」的風水大忌，設計師採取虛化浴廁空間的手法，巧妙地將浴廁空間隱藏起來，當門片閉合時，儼然就像是一片精美的牆面，修飾裡面的廁所空間。圖片提供_陶璽室內設計

096 以風格美感取代門片

**不良
格局** 在床尾側邊位置剛好對到進入更衣間與浴室的門。

破解方式 ›››

配合室內古典風格的設計語彙，將更衣間的門片裝飾以古典飾板線條，使門片在
外觀上轉化為裝飾牆，門片幾乎隱形了。圖片提供_遠喆室內設計

特別篇

格局篇

客廳篇

CHAPTER

3

臥房篇

餐廚篇

浴廁篇

其它篇

097 樑柱化身展示床頭設計

不良 格局	房內四周有樑，床不論放哪個方向都難以避免壓頭煞氣，這樣的風水格局在傳統中被認為容易做惡夢，以科學上的解釋亦是心理容易感受壓迫。

破解方式 › › ›

一般住宅臥房中，床只要靠牆難免就會面臨床上壓樑的問題，設計師以樑柱為主體，運用垂直而下的凹洞做層板櫃體收納，並以間接燈光成為房內焦點修飾樑的落差，不僅化煞也兼具機能與美觀效果。圖片提供_禾光室內裝修設計

098 用光線營造滿室溫暖

不良 格局	床頭上方有樑，無形壓力夢中來。

破解方式 › › ›

為了創造舒適安逸的睡眠環境，設計師運用收納櫃填滿樑下空間，中間段的挖空造型賦予櫃體變化，也提供置物平台，自然原木色澤與溫潤的木地板彼此呼應，搭配輕柔的燈光營造溫潤平靜的臥房氛圍。圖片提供_洁室空間設計

099 床頭牆面藏住光亮祕密

不良 格局	房子有三面採光，考量樑柱位置，只能將床頭設置在窗前，但又 會造成是非煞，使人難以入眠、睡眠時也難心安。

破解方式 ›››

因為無法調整床位，只好封窗化解，但顧及室內採光，因而以活動門片的方式解
決睡眠時的心理顧慮，平常時間便可開啟引入自然光。設計師也刻意在床頭拉出
深度規劃上掀式收納櫃，拉開床頭與窗戶的距離。圖片提供_杰瑪設計

特別篇

格局篇

客廳篇

CHAPTER

3

臥房篇

餐廚篇

浴廁篇

其它篇

100 斜面天花擋煞兼具設計感

不良格局　主臥房內天花上前後有兩座大樑，不論床的位置放哪裡都無法避免頭上有的壓樑煞氣。

破解方式 ›››

因為床的位置無論放置何處都無法避免在樑下，因此設計師只能運用設計巧思來解決這樣的問題，設計師將房內一面做衣櫃，並以斜面天花修飾頂上樑柱，讓樑柱整個被包覆，並於床頭做上間接照明，令設計線條立體有層次。圖片提供_禾光室內裝修設計

101　純粹寧靜，摒除環境負面能量

不良格局　大片落地窗在臥房中易使人睡不安穩，頭上樑柱重重易不能安心久居。

破解方式 ›››

雙層窗簾增加了大型窗戶對外的隱蔽性，無形中提升安全感，也增加了柔和的視覺端景，床頭大樑橫跨一箭穿心，除了下方取相同厚度作成及腰收納櫃外，更延伸出去成為化妝檯桌面，樑下再以嵌燈方式修飾樑所形成的尖角。圖片提供_采荷室內設計

102　書香滿溢的無煞陽光房

不良格局　書桌與床上方大樑橫越。

破解方式 ›››

充分運用房間的樑下空間，包括上方收納櫃、展示櫃及床頭櫃等，增添區域機能，同時化繁為簡，保持臥房清爽，原本書桌上方亦有樑干擾，設計師以造型層板加上嵌燈化解樑的銳角，全室文昌綠色系增添讀書氣氛。圖片提供_金岱室內裝修

特別篇

格局篇

客廳篇

CHAPTER

3

臥房篇

餐廚篇

浴廁篇

其它篇

103 光帶消弭床頭上方樑的存在

不良格局　床頭壓樑，睡在樑下易引起緊張不安穩的心理牽掛。

破解方式 ›››

由於房內的採光非常好，不需要主燈照明，因而順勢在樑下規劃間接燈光，向外延展的平面也做為吊燈的基座，同時在樑的下方設計造型床頭櫃，寬度剛好與樑呼應，滿足收納置物也解決床頭壓樑。圖片提供＿上景室內裝修設計工程

104 隱形門片消弭對門煞的壞能量

不良格局 兩間臥房門相對，形成了風水禁忌中的對門煞（口舌煞），會有容易發生爭執、口角的隱憂。

破解方式 ›››

兩間臥房門相對，形成了風水禁忌中的對門煞，會有發生爭執、口角的隱憂。
為了利用客廳電視牆的面寬製造空間寬度，設計師將房門轉向，讓房門與電視牆在同一側，將格局整合避免破碎化，隱藏門片的設計除了讓房門融入牆面視覺，也順勢化解房門對房門的風水，破解對門煞禁忌。圖片提供_杰瑪設計

特別篇

格局篇

客廳篇

CHAPTER

3

臥房篇

餐廚篇

浴廁篇

其它篇

105　大樑造成床頭壓迫，影響睡眠品質及運勢

不良格局　透過櫃體的創造拉齊樑下空間，弱化樑的存在。

破解方式 › › ›

由於樑的寬度頗寬，使用木作櫃拉平樑下空間，左右兩側規劃收納櫃增加儲物空間，同時對床頭形成包覆感，並加裝照明檯燈，打造安穩的睡眠環境，巧妙化解大樑所引發的心理不適。圖片提供_上景室內裝修設計工程

106　利用木條平台遮掩樑柱

不良格局　床頭上方原本有樑柱，怕睡起來感到壓迫。

破解方式 › › ›

人一生有1/3的時間都是在床鋪上度過，足以可見臥房風水的重要性。最容易遇到的問題就是床頭有樑柱，設計師於是利用木條在床頭規劃了一道收納小平台，下方則是收納空間，兼具了收納、裝飾效果。圖片提供_禾捷室內裝修/禾創設計

107 「關」住電視，格局更大器

不良格局　現代人生活離不開電子產品，臥房裡常設置電視，但又擔心電磁波對睡眠有不良影響。

破解方式 ›››

為了滿足收看電視的方便，又想避開電磁波的危害，可以在電視牆外加設一道可移式的黑色玻璃屏幕，如此在不看電視時則可將螢幕遮蔽，也讓牆面更簡潔。圖片提供_演拓空間室內設計

Before

After

108 床頭做收納櫃，順勢避開樑柱

不良格局	床頭上方的位置剛剛好對到樑柱，睡在樑下在風水上是不妥的。

破解方式 ›››

樑柱在風水上象徵一把刀，如果睡在刀下，意味著容易遭遇危險或心神不寧。因此設計師在床頭的地方設計了收納櫃，增加收納空間之外，也巧妙避開了睡在樑下的不舒適感。圖片提供_禾捷室內裝修/禾創設計

109 繽紛牆面擋掉煞氣，帶來夢幻美好

不良格局 由於臥房空間過於通透，以致床角對上鏡子形成鏡面煞。

破解方式 › › ›

開放式場域因缺乏阻隔，最容易形成各式各樣的風水煞氣，此間臥房床角對鏡，同時也有廁所門衝床的隱憂，設計師運用鄉村風特有的繽紛感，以不同花色、材質、色彩的造型牆面巧妙化解空間煞，也讓臥房有更美的風景。圖片提供_采荷室內設計

110 以收納將大樑隱於無形

不良格局 床的位置上方有橫樑，造成樑壓床的不良風水。

破解方式 › › ›

原本主臥房的床頭有橫樑，設計師在樑的下方設計一個收納櫃，美觀又兼具收納功能的巧思，成功解決樑壓床的風水問題。圖片提供_陶璽室內設計

111 適當緩衝，睡得更安心

不良格局 原本房間的設計難脫離開門見床煞，床正對房門，會令人做惡夢、失眠或睡的不好，時間一長，則容易精神衰弱。

破解方式 ›››

入口處設計小玄關做為緩衝，因為傳統的開門見床煞氣在現在科學也可解釋為門為進出之口，經常會有人來來往往，當床對著門時，潛意識裡會提高警覺，以防止有人進入房內，這是一種本能的自我保護，睡眠受到思慮干擾，就容易多夢或睡的不好。這樣多了個玄關可做緩衝保持房內平穩氣場。圖片提供_明代室內設計

Before   After

112　隱形門隔阻沖床煞氣

不良格局　看似寧靜的臥房空間，床邊浴廁所形成的煞氣正悄悄影響著睡眠與生活。

破解方式 ›››

設計師將整片牆面予以重新設計，以白色凹凸的立體線條點綴立面，並將廁門融於其中，原有的沖床煞氣得以破解，而床頭處亦將樑下空間填滿，保留平台，作為收納櫃之用，聰明轉化環境中重要的煞氣。圖片提供_洁室空間設計

特別篇

格局篇

客廳篇

CHAPTER

3

臥房篇

餐廚篇

浴廁篇

其它篇

113　背板消抵床與樑的對位

不良格局	房內的床頭上方有樑，容易有睡不好的健康影響。

破解方式 › › ›

寬度不深的樑，無須另外再犧牲房間尺度規劃樑下收納櫃，但又不希望睡眠受到干擾，因此藉由床頭板的厚度抵消樑的寬度，不僅解決床頭壓樑的風水憂心，也留下空間的寬敞度。圖片提供_上景室內裝修設計工程

114　造型門片埋住床角煞氣

不良格局	床角對到鏡子，又有浴廁門穢氣出入，臥房內負能量重重。

破解方式 › › ›

原屋床角處因有化妝檯產生的鏡煞，及浴廁穢氣煞，設計師以簡約美型的門片兩兩成對修飾整面牆，牆內有化妝更衣空間、有衣服收納櫃及衛浴，全包式設計化繁為簡，重塑臥房寧靜優雅的休息空間。圖片提供_金岱室內裝修

115　收納櫃刻意留白賦予舒適機能

不良格局　床頭上方有樑，造成床頭壓樑的禁忌。

破解方式 › › ›

將床頭後挪避開橫樑，並在樑下規劃上下收納櫃，上吊櫃與下方的上掀櫃替臥房增加許多收納空間，也解決了頭部壓樑的問題，上方吊櫃與樑之間刻意留縫作為間接燈光溝，強化室內的光線照度。圖片提供_PartiDesign Studio

116 少了樑柱睡得好安穩

不良格局	床頭上方天花板遇有大樑，床尾右側也有柱子尖角造成睡眠時的不舒適感。

破解方式 › › ›

為避開建築結構的大樑，除了運用繃板加厚床頭板來錯開外，在牆面上也貼上書櫃壁紙做裝飾，讓人忽略樑的量體。此外床尾柱角則以包覆為圓柱，避免尖銳感。圖片提供_演拓空間室內設計

117 樑下聰明運用滿足生活需求

不良格局　房間樑柱橫生容易令人產生壓迫，噩夢連連，但受限於空間有限往往難以化解。

破解方式 › › ›

房間四周有樑柱，因此設計師在裝潢時，將床頭增厚，設置展示空間，而側邊柱體下方則為層架與收納櫃，另外設計師也將木板墊高，下方以拉式抽屜增加收納，這些不僅調整風水禁忌也讓房內機能倍增。圖片提供_禾光室內裝修設計

118 單人房也能滿滿元氣

不良格局　現代建築多採用鋼骨建築，雖然堅固卻造成房間樑柱處處、煞氣也處處。

破解方式 › › ›

由於天花板被大小樑柱包圍，加上空間不大不適合加厚天花板形成壓力，設計師在床頭處先以收納的方式化解床頭破腦煞，再以溫和的黃白配色帶出空間層次，把整室的壓迫感以獨一無二的風格呈現完美化解。圖片提供_采荷室內設計

119　半開放廚房防止財庫外露

不良格局　廚房位置遮住居家唯一光源，而穿透式的廚房又正對門口，有財富失散的顧慮。

破解方式 ›››

在設計師接手設計之前，房子的臥房、廚房、客廳等主要區塊屋主就已事先請風水師傅設定好其方位，但廚房的位置正好擋在房子的單面採光之前，為了讓獨立廚房遮擋陽光，改以半獨立式規劃，加上玻璃磚的運用，好讓光線能透入客廳，同時為避免開門見爐灶，而把爐灶安排在實牆後方。圖片提供_杰瑪設計

120 小而美無煞房最好睡

不良格局 房間狹小擁擠，床與大片窗戶相鄰不易入眠。

破解方式 ›››

原案臥房偏小，幾乎少有空間可以收納，加上近窗戶的一側上方有樑且下方有柱，在有限的運用空間下，設計師以巧思將柱子以收納櫃包覆其中，隱形收納門完全不造成視覺負擔，床邊有柱子矗立，增添睡眠安全感，也不易受窗外光線干擾，反轉了不佳的風水格局。圖片提供_南邑設計事務所

121 前有明堂、後有靠山

不良格局 書房與客廳因採穿透格局，不易找到安定的方位來擺設書桌。

破解方式 › › ›

避開左右玻璃隔間，選定以電視牆作視線遮掩，搭配背後寬敞牆櫃的穩定氣場，讓書房避免椅背煞的不安定感；另外，書桌前與牆之間也留有足夠距離(有明堂)，避免有綁手綁腳、有志難伸的拘束感。圖片提供_明代室內設計

Before

After

122 房間雖小福氣俱全

不良格局 已經很狹小的空間中，床頭上方偏有大樑橫跨。

破解方式 ›››

設計師選擇以門片、收納櫃及層板的方式，將屋樑完全包覆於櫃體中，也讓整片牆有了更多元的運用，床頭處為小孩衣櫃，收納小衣服剛剛好，另邊櫥櫃也能容納大量玩具，訂製書桌和層板與整個空間完美搭配，創造了安心自然、福氣滿滿的好格局。圖片提供_采荷室內設計

123 床與門不再對峙而立

不良格局 房間床尾直接面對浴室門，造成床沖門的風水忌諱。

破解方式 ›››

為避開門與床對沖的問題，將浴室門改向移至左前方，並且將床尾的櫥櫃改以無把手設計，平整如牆面的設計減少了櫃體印象，也降低壓迫感。

圖片提供_遠喆室內設計

Chapter

4

餐廚篇

這一篇章中，我們雖將餐廳和廚房併為同一空間，但其實除了部分陽宅以開放式設計將餐廚合而為一外，目前台灣大部分居宅設計仍以獨立式廚房居多，因此這裡也將風水中較需注意的廚房拉出來討論。至於餐廳，與客廳有異曲同工之妙，屬於全家人互動、休憩的地方，只要能保持這個場所中的愉快氛圍，就能創造最佳的好風好水格局。

圖片提供＿杰瑪設計

DINING AREA

創造安心安全的餐廚空間

　　廚房在五行中屬火，是家中需要同時用火及用水的地方，在古時，煮飯需要燒柴，而柴火又與財火同音，因此廚房瓦斯爐有財位的象徵，又因這裡是烹煮料理的場所，與全家人的健康息息相關，換句話説，廚房的風水格局若佳，則能為全家帶來興旺的財運富貴，但若煞氣處處，則會變本加厲對生活、家庭及家人健康帶來各種隱憂是風水中相當重要的環節。

廚房風水的重點

　　進廚房最大目的便是烹煮食物，這裡是需要付出動能的場域，因此著重實用性與便利性，又因為這裡有水有火，煎煮炒炸有油煙、有聲音，是一個難以低調的場域，與其它空間的配合就顯得重要，衍生出的煞氣也特別多。

避免水火對沖

　　五行中金生水，水則剋火，火則剋金，有著十分微妙的交互影響，廚房內若「水火不容」，就難以生金，全家財源自然也就難求，因此水行的物件如：水槽、冰箱，水行場域如廁所浴室，與火行的瓦斯爐、烤箱、微波爐、電鍋等，就成為相當巧妙的關係，不妨檢查一下自己廚房平台上瓦斯爐、水槽、冰箱的排列關係，或有沒有與浴廁作鄰居或兩兩相對，如果真有「火水」相鄰，就需考慮透過裝潢化解了。

爐灶的風水禁忌

除了最需要注意的水火煞外，爐灶代表財庫，亦有許多忌諱。

①不可壓在樑下，也不可放陽台外或房間前端，更不可設於馬桶、神明桌、床頭、樓梯之下，都會影響健康與財運。

②避免對到大門，所謂財不漏白，別犯了入門見灶忌諱。

③同樣財不漏白，爐灶最好不要設在窗邊。由窗引進的氣流也有爐火燃燒不完全的顧慮。

④爐灶不可被餐桌或餐椅之角所切到，或被櫃子之角射到。

⑤爐灶瓦斯爐平台不可低於其它廚具，否則財運低落。

⑥爐灶不可無靠牆，時下許多家庭比照國外，採用中島式的開放廚房，將瓦斯爐安裝於中島上，邊煮食邊與家人互動，如此一來雖然溫馨，卻可能讓油煙四處飄散，廚具、鍋具也很可能被碰翻打翻，反而不便利。

⑦爐灶不宜使用紅色或大黑色。

⑧爐灶灶向，宜向本命卦之吉方，命卦以家中最常煮食人為主，可透過書後附錄查出。

廚房的風水建議

　　廚房為煮食場所，如果不夠衛生或是煮食者心情不佳，都可能讓家人吃進不佳的能量，雖然時間不會造成影響，但長期下來都對健康沒有好處，因此，如何在這場域中快樂煮食，是廚房風水應掌握的大原則之一。

①保持廚房的明亮、整齊、乾淨，注意垃圾廚餘的堆積，須勤加清理。

②廚房儘量勿設在大門周遭，不適合在宅之前半部，最好設在宅後半部。

③當心中宮煞，廚房勿設在宅中央，尤其要避免爐灶在中央的「火燒心」格局。

④廚房最好為獨立格局，才能防止油煙四散，影響呼吸道健康。

⑤抽油煙機最好選用隱藏式、低噪音者為佳，並注重清潔。

⑥廚房其中一面要對空曠處，如陽台、天井、後院等，不可封閉。

餐廳風水的重點

　　餐廳是凝聚家人情感的地方，一個溫暖舒適的用餐空間，不僅可以促進食慾，幫助全家人充分吸收營養外，在這裡用餐，也能帶動全家運勢的運轉，透過飲食更能為每個人舒緩一整天疲備的身心，如何能在這個場域中營造快樂氣氛，將與全家運勢有著絕對性的關鍵影響。

注意顏色與空間

　　繼廚房之後，餐廳可說是全家人進財的第二財庫，許多家庭將餐廳與客廳連結，在風水當中則要慎重考慮設計的連貫性，顏色與空間上的搭配都要不顯突兀，給人整體感。

注意動線規劃

　　也要考量廚餐的行進動線距離，餐廳也不宜設計中宮，或是與浴廁相鄰，最理想的空間安排就是設在客廳與廚房之間，方便出菜。一般來說，餐廳位置靠近廚房最佳，除了能拉近煮食者與家人的互動外，也能避免餐廚同一空間造成的油煙瀰漫，屬於一舉數得的風水效果。

注意用餐氣氛

　　考量到全家人聚會時的氣氛，餐廳的設計以舒適性及明亮度為首，基本上可運用燈光與色彩營造，可用垂吊式的燈拉進用餐者的心，餐廳夠大，也可考慮用晶瑩剔透的水晶吊燈，都能讓用餐氣氛圍更溫馨。唯要注意的是天花板壓樑問題，須避開座位上方的樑，而吊燈也不建議直接垂在座位上方，都會讓用餐者感到壓迫。

水火煞

　　廚房中瓦斯爐與水槽緊臨，或相距未超過45～60公分，就形成水剋火煞氣風水，以科學風水的觀點來看，用火煮食時一旁水槽若水花飛濺，勢必影響火候，連帶影響食物料理。此外，瓦斯爐與水槽相對亦有相同煞氣。

化解法

　　瓦斯爐與水槽位置調整，距離至少超過45公分以上才可化解。

插畫提供_黑羊

瓦斯爐與水槽「水火不容」，需保持固定距離。

冰火煞

瓦斯爐屬性為火，冰箱和水槽相同，屬性同屬水，冰箱與瓦斯爐亦有水剋火的相沖格局，兩兩相對或緊鄰，都會致使家人健康上出現狀況，其中尤以腸胃最為嚴重。

化解法

廚房中應以瓦斯爐→流理台→水槽→冰箱如此排列，才能完全避免水剋火的煞氣。

插畫提供_黑羊

瓦斯爐與冰箱兩兩相對，將呈現水火相剋的煞氣。

特別篇

格局篇

客廳篇

臥房篇

CHAPTER

4

餐廚篇

浴廁篇

其它篇

撞門煞

　　廚房房門與瓦斯爐對沖，或廚房門與冰箱對沖，都通稱為「撞門煞」，來自廚房門的氣流遇爐火，造成火候不穩、瓦斯外露，易引發火災意外，冰箱沖門則易使食物腐敗造成腸胃病況。

化解法

　　加裝門簾遮蔽氣流，或是移動冰箱、瓦斯爐的位置，避開撞門煞。

插畫提供_張小倫

廚風煞

　　與撞門煞有異曲同工之妙，因窗戶同樣帶有氣流，廚房中窗戶下若為瓦斯爐，就易形成火候不穩定的廚風煞，易造成家人腸胃上的毛病，爐火亦有小財庫之稱，若與窗相鄰，則財氣四散不易聚財。

化解法

　　廚房中的窗若能與水槽相鄰，就能造就煮食的好心情，可改將水槽置於此處，或直接封窗。

餐廚篇
破解室內煞氣的好住提案

DINING
AREA

圖片提供_禾捷室內裝修/禾創設計

特別篇

格局篇

客廳篇

臥房篇

CHAPTER

4

餐廚篇

浴廁篇

其它篇

124　水火不容的冰箱與爐灶

不良格局　原開放式的廚房，爐灶位置容易外露，同時冰箱沒位置擺。

破解方式 ›››

先在廚房與餐廳之間增設吧檯來做局部遮掩外，將冰箱位置安排在吧台的外側，盡量遠離廚房最內側的爐灶區；另外，水槽位置也設置於外側，避免廚房內有水火相沖的風水問題。圖片提供_遠喆室內設計

125　托斯卡尼餐廚空間的小心機

不良格局　開放式的餐廚空間因緊臨落地窗，大大違背了風水學中爐火不可對窗的忌諱，與廚所相鄰，易會產生不健康的格局。

破解方式 ›››

設計師設置150公分高度的L型歐式平檯，巧妙圍住廚房裡的煞氣，也讓此區成為輕鬆交誼場域，爐火設計在空間最角落，保留了聚氣的風水概念，廚廁間更以牆面區隔，大大破解不良煞氣。圖片提供_采荷室內設計

126　幸福直角化解口舌煞氣

廚具的配置水火相鄰，瓦斯爐的火氣與水槽的水氣相衝。

破解方式 ›››

設計師在重新配置廚具時將水槽與瓦斯爐以直角方式避開，此外餐廚具設計時，火爐也不可面對水槽、冰箱，或是緊鄰水槽，最好在兩者間留工作台作緩衝。瓦斯爐也不宜置於水塔下方，因為水會滅火，象徵不能聚財。圖片提供_FUGE 馥閣設計

127　美好動線，生活加分

廚房空間狹小，置身其中容易感到壓迫焦慮。

破解方式 ›››

廚房不只是個下廚的空間，在風水上還象徵著財庫。這個案例的廚房正好位處客廳和臥房中間，空間較狹隘，因此設計師讓吧台結合餐桌，一字型排法節省空間，視覺看起來也有延伸感。圖片提供_禾捷室內裝修/禾創設計

128 收起爐火，避開熊熊煞氣

不良格局 爐火直接面對客廳，在無阻隔下，任憑油煙四散，影響健康。

破解方式 ›››

風水中禁忌爐火對外，容易招使家道中落。因此設計師重新改變廚具配置，將爐火隱藏在面向廚房凹槽處，並在後方安置了一座小中島，讓屋主料理食材時更加便利。圖片提供_鼎爵設計工程

129 重新配置，活化餐廚風水

不良格局 原案瓦斯爐對窗，同時與水槽位在同一單面上，是廚房風水中常見的大忌諱。

破解方式 ›››

由於原本格局中廚房的爐火與洗手檯皆位於一字型櫥櫃上，不僅犯著廚房中的水火煞忌諱，面對窗戶在科學風水中更使爐火難以集中，有氣財則財不聚的象徵，設計師將餐廳與廚房整合，形成開放空間，並將爐火靠牆，一方面解決原本烹調時油煙四散的問題，更連帶化解了原本廚房的所有煞氣。圖片提供_采荷室內設計

130 俐落屏風遮擋廚房煞氣

破解方式 ›››
屋主雖然喜歡開放格局的寬敞視野，但考量空間要有層次感，且要避免畫面太凌亂，而在客廳沙發後與水槽之間安排局部屏風做遮擋，阻隔了廚房的工作檯面，而內側靠牆的爐台鑊氣也因此不外露。圖片提供＿演拓空間室內設計

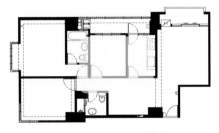

Before

After

131　餐廚拉門化解開門見灶

因為開放式餐廚設計，大門一進來即見瓦斯爐灶，廚房因象徵一家的財庫，風水上非常忌諱一開門就見到廚房或是爐灶，代表漏財的格局。

破解方式 ›››

本案因為坪數的限制加上公共場域的開放式設計，令大門與瓦斯爐灶相對。於是設計師在廚房的位置做上一道拉門，一方面可在料理時阻擋油煙，一方面也是避開風水上的禁忌。圖片提供_里歐室內設計

132 多功能餐櫃吧台滿足機能與風水

不良格局 原本為獨立廚房的封閉格局，因應屋主需求打造開放式廚房，卻會有爐灶外露的憂慮。

破解方式 › › ›

在客餐廳與廚房之間加設半高櫃，除了增加收納也具有吧台的功能。一方面以半高櫃遮擋見爐灶的視覺禁忌，也讓餐廳區的餐桌有個可以倚靠的元素。半開放的廚房解決屋主介意的見灶問題，並兼顧機能與造型需求。圖片提供_PartiDesign Studio

133 暖暖燈光形塑幸福食域

不良格局 餐桌位於動線中心，區域劃分不明且出入皆受影響。

破解方式 › › ›

客廳、餐廳雖相隔有段距離，但場域其實沒有明顯界定，設計師在此以天花板高低差設計區隔空間，同時垂吊大燈凝聚家人的心，再輔以低調嵌燈打強高度，如此一來不僅清楚界定了場域，也另將穿心大樑埋入。圖片提供_金岱室內裝修

134 梯形大樑幻化視覺焦點

原本餐廳區上方有著梯型大樑，讓人用餐時感到十分壓迫。

破解方式 ›››

因為餐桌上有著梯形大樑，讓人用餐時有著強大的壓迫感，在外在格局無法調動的情況下，設計師先將大樑包覆後運用其梯形做大片的格柵造型，不僅解決大樑的視覺壓迫感，也令空間更有風格與設計感。圖片提供＿里歐室內設計

135 動線規劃好，下廚更加享受

爐火和水槽相對，形成易起爭執的水火煞。

破解方式 ›››

屋主夫妻都是愛下廚的人，因此規劃了一間大廚房好滿足烹飪之樂。為了屋主夫妻能安心享受廚房空間，設計師在規劃時針對風水部份規避一些不良動線。像瓦斯爐和水槽如果相鄰或相對，在風水上都是「水火相剋」之兆，容易有血光之災，因此規劃之初就避開了。圖片提供＿禾捷室內裝修／禾創設計

136 彈性魔術空間讓廚房財庫不外露

不良格局 因應開放餐廚的規劃，廚房會對應到房子的對外落地窗，有財庫（廚房）露白導致散財的疑慮。

破解方式 ›››

為釋放空間尺度，設計師將餐廚區規劃為開放式廚房，然而敞開的廚房位置面對了客廳的落地窗，引起財庫外露、錢財外流的顧慮，因此在爐灶區前設計一道牆面遮掩，滑推門的設立不只避免油煙擴散，也有加強遮擋廚房的效果。圖片提供_杰瑪設計

137　多門格局成為餐廳端景

破解方式 ›››

讓被二扇門盤據的這堵牆轉化設計為端景主牆，首先讓門片結合主牆材質做隱形設計，再透過圓鏡與壁燈等裝飾來呈現出奢華亮麗的視覺，讓人完全忽略門片的存在感。圖片提供_遠喆室內設計

138　風格感穀倉木門捍衛家中財庫

破解方式 ›››

廚房是居家的財庫，風水上應避免外露，呼應空間的LOFT基調，以穀倉木門為廚房做遮掩，運用經典工業元素豐富空間表情。彈性開放的設計亦方便屋主進出使用廚房時的便利， 誰說風格與風水不能同時兼顧呢？圖片提供_浩室空間設計

139 利用吧台錯開視覺，隱藏爐火

開放空間爐火外漏，將有露財問題。

破解方式 › › ›

爐灶盡量不要跟落地窗是同一面向，因此設計師特別在廚房和客廳的中間規劃了
一條吧台，將兩邊動線區隔開來，另外，爐火也避免和水槽相對，規劃時利用錯
開方式解決這項困擾。圖片提供_鼎爵設計工程

140 爐火水槽與冰箱化敵為友

在空間受限的封閉式廚房中，原本
水火相鄰且瓦斯爐靠窗，形成相當
凶險的格局。

破解方式 › › ›

原本這裡屬於較為簡陋的一字型廚房平台，且窗
戶處即是爐火，對著窗易讓爐火燃燒不穩，無論
科學角度或是風水學理，都是不佳格局，設計師
特別將其移位，並以回字型增加廚房工作平台機
能，純白的空間當窗戶日光灑進，在這裡下廚別
有一番小家庭的幸福感。圖片提供_金岱室內裝修

141　化解餐廳後方煞氣

不良 格局	在穿越客餐廳的走道兩側分別有對門而立 的二間房，形成口舌煞。

破解方式 ›››

若不容易改變座向，可以利用設計手法來化解問題；此
案例將餐廳後方的房間門隱藏設計於裝飾主牆內，改變
了門的印象，也就沒有門對門的問題。圖片提供_演拓空間
室內設計

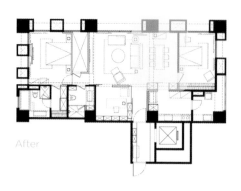

After

142 鄉村屏風製造吉祥緩衝

不良格局　廁所廚房相鄰，形成水火煞。

破解方式 >>>

原本廁所與廚房緊緊相鄰的格局，在設計師的巧思之下，將浴廁的洗手區獨立於外，並配合全室鄉村風格打造石材屏風，中央挖空的橢圓造型設計讓屏風雖有阻隔卻不會阻擋光線，而洗手區的緩衝空間也拉開了廚廁距離，家人生活更安心。
圖片提供_采荷室內設計

143 挑高空間，增進居家採光

不良格局　原本為非開放式空間，廚房位置顯得陰暗。

破解方式 >>>

採光對居家風水來說是重要的。這個案子前身是農舍，室內有隔間，因為客廳面向西邊，廚房面向東邊，座東朝西的方位符合古早諺語說的「座東朝西，賺錢無人知」，代表財源廣進的座向。圖片提供_奇逸空間設計

144　抬高吧台高度，就不會直視爐火

不良格局　坪數較小，廚房無法有獨立空間。

破解方式 ›››

現在流行開放式空間，尤其是小坪數必須藉此放大空間感，因此造成容易出現開門見灶的不良風水。為了延續開放式空間的規劃，同時避免開門見灶的問題，設計師將吧台高度提高，多了這道防線，就破解了不良風水。圖片提供_禾捷室內裝修/禾創設計

145　水火保持距離健康滿分

不良格局　原本爐具與水龍頭相連，廚房在風水學上，掌管全家人的身體健康，影響女主人懷孕、小孩發育情形，應讓水、火和平共存，避開衝突。

破解方式 ›››

在廚房的風水學上，廚房最重要的位置是瓦斯爐，攸關全家安全，瓦斯爐應避免與水龍頭相對、水槽相鄰，與水龍頭應有30公分以上距離。因此設計師在做整個廚具規劃時，將水槽與爐火錯開，並考慮到動線活動，將冰箱設置在水槽對面，使用便利。圖片提供_FUGE 馥閣設計

146 玄關造型屏風擋廚房火

不良格局 原本客廳不僅沒有採光，且一進門還會直接看到廚房的爐火，不僅風水有狀況，原來3房也顯得太過擁擠。

破解方式 ›››

入門見爐火是看得見的風水禁忌，看不見的風水問題更需解決，居家風水講明廳暗室，客廳要明亮房間反而要暗，結果這房子完全相反，暗廳明室，房間採光充足，客廳卻陰暗，於是將原來3房調整為2房，將客廳移至採光明亮處，並用玄關造型屏風化解一進門直視廚房及爐火風水問題。圖片提供_EasyDeco藝珂設計

Chapter 5

浴廁篇

浴室、廁所，可說是家中最潮濕，同時最容易藏污納垢的
地方，風水中也常將此處歸類為「污穢之地」，若不保持
乾淨，穢氣就可能蔓延至全室，影響生活品質。又由於浴
廁構成簡單（洗手檯、馬桶、淋浴間、浴缸、鏡櫃等），
也較難賦予風格個性，往往不如客廳、臥房備受重視，但
浴廁可說是人們一天之中出入頻率最高的場域，保有舒適
的環境，自然也能為人們帶來好運氣。

圖片提供_采荷室內設計

SHOWER
ROOM

化腐朽為神奇的家宅寶地

　　廁所，五行屬水，是我們每天排泄廢物的地方，堆積的是一種穢氣，雖然現代衛浴大都有通風設備，但還是要特別注意這一區域對整個家居的相對位置及佈局，才能讓有形無形的穢氣及穢能量隨著氣流排出，除了簡化型廁所外，一般居家通常將廁所與浴室相連，成為普遍的浴廁空間。

　　由於累積高度濕氣、穢氣，這裡在風水中也定位為陰濕、財耗之地，環境不佳的浴廁，將容易招致家境貧窮、財路不開，也可能影響身心健康，此外浴廁也是主宰個人情感、桃花運勢的地方，若不潔、不便，都可能帶來感情上的困擾，甚至桃花劫，相反的，如果單身者想覓得良緣，或是擁有異性貴人，就需針對自己的五行命數佈置能為自己帶來幸福的浴廁。

　　以陽宅風水學理來說，浴廁適合設立在家中較隱密的位置，開門見廁、廁門對房門、廚門都是不佳的方位，如難以避免，就需要透過裝潢或設計轉化煞氣，浴廁也象徵著一個家或是居住者的現況，整潔清爽的浴廁環境意謂著家庭和樂富足，全家人有向心力，同時各自積極努力生活；骯髒晦黯的廁所代表著家人互動不睦，有自掃門前雪之兆，家人易分離，單身者若長期使用異味滿佈、潮濕髒亂的浴廁，就要小心人際關係出問題，也要注意身體疾病。

創造百分百幸福感的洗浴空間

　　關於浴廁帶來的穢氣與各場域可能的不良影響，我們曾在許多篇中皆有所著墨，廁所不宜位居房屋中心點（中宮煞）、不宜對門（人門煞、對門煞）、不宜對房（破腦煞），平時也要讓廁所保持關閉狀態。

浴廁內部擺放重點

　　避免馬桶直接對廁門，將導致錢財不入，若廁門打開又對到床，則睡在此處的男女主人，都可能經常腰痠背痛，並將有生育方面的疾病；直接對到大門，會引起不必要糾紛口舌。若家中有安神位者，廁所千萬不能設在神位背後，特別是馬桶不可在神位之後，會造成家中人員不安。

假花假草帶來虛情假意

　　有些人為了讓廁所更充滿欣欣向榮的正能量，在廁所內放置乾燥花或塑膠花佈置，然而浴室、廁所內是污水來去的地方，擺放無生命的乾燥花象徵「污地死水」，不僅不能帶

來好運，屋主的發展力、創造力也會大打折扣。雖然綠色植物能調整氣場，但在浴廁中也不宜過多，因浴廁屬陰，太濃密的綠葉則強化了陰氣，易有不好之事，綠葉盆栽點到為止。此外也不宜放置象徵富貴、吉祥的東西或壁畫，以免如流水污物般消失無蹤。

佈置浴廁招好運

浴廁最好能有對外窗，才能使穢氣排出，同時擁有舒適自然光，室內自然不會積聚不好之氣，沒有對外窗的浴廁則可以綠色植物加上輔助照明保持氣場的活化，其中輔助照明亮度不需太強，可長時期開啟保持明亮感。

乾濕分離的設計

除了前面所說注意光線和通風外，浴廁能有乾濕分離的裝置，將能讓濕氣的危害減到最低，裝上透明淋浴拉門或掛上淋浴簾，將洗臉盆、馬桶與沐浴區隔成乾、濕兩區，如此不但好整理，使用上更方便、衛生，乾、濕分離也能減少了摔跤、碰傷的機會，並避免使用吹風機時發生漏電、觸電的意外危險。有些設計師則採取更徹底分離乾濕的方式，就是將馬桶以實牆獨立於另一空間，或將經常使用的洗臉檯設置於房間中，後者則需要注意洗臉檯的水氣潮濕很可能散佈在房中形成另一種困擾。

選擇止滑材質磁磚

選用浴、廁所專用的止滑磁磚，可以減少浴廁空間的意外災害，尤其浴缸底部也要有止滑功效，對家中有幼兒、中老年人而言，都是預防失足跌倒的重要措施。而浴缸高度也需視家人身高而定，高浴缸雖讓泡澡溫暖舒服，但卻容易帶來危險，必須要慎重選擇。如果家中有老年人，一定要加裝扶手，以確保安全。

設立大片鏡子

鏡面有反射作用，放在屋中易形成破壞風水的鏡面煞，但其實大面積的鏡子很適合擺放在浴廁之中，其密閉的空間能讓鏡面反射減到最低，同時可隨時監督自己的健康情況。

浴廁內適合擺設大面鏡子。
圖片提供_采荷室內設計

陰濕煞

　　在浴廁中沒有可通氣流的窗戶，以致環境經常潮濕、易生霉菌，濕穢之氣無法通暢排出，同樣會影響家人健康，其中對脾、腎影響最劇，需防範家中老年人慢性病的產生。

化解法

　　加裝抽風機時時排氣、換氣，以科學觀點來說可保持通風，另外以小燈搭配綠色植物象徵光合作用，也能化解陰濕煞氣。

插畫提供_黑羊

缺乏窗戶的浴廁氣流不通且光線不足，易影響健康。

廚中廁

廚房為煮食之所，廁所為穢氣之地，當廁所門開於廚房內，廚廁重疊於同一區域，恐影響家人飲食衛生，也會致使家中人丁單薄，兒孫緣薄。廚中廁看似便利，其實在風水中是會敗壞家運的大忌。

化解法

改變廁門方向，從別處進入；運用隱形片設計讓廁門的殺傷力減到最小。

插畫提供_黑羊

廚房中有浴廁的格局，易敗壞家運。

高低煞

　　廁所地板較其它區域為高，稱為高低煞。由於有些住家內廁所埋設馬桶管路，往往採用加高廁所地板的方式，但如此一來家人有肝膽方面的疾病產生，而室內地板高低出現落差，容易導致意外發生，若家中有老人、小孩則需要特別小心，且穢氣由高處往低處流，代表家中穢氣四散，財運走下坡。

化解法

　　廁所地板需要打平，甚至管線重鋪。

插畫提供_張小倫

雙門煞

　　不少現代房宅為提高坪效，竭盡可能的使用每處空間，浴廁增加一門，則能通往兩處，看起來便利，但其實是種精神上的干擾，易讓使用者使用時心有不安，缺乏隱私感。一廁雙門的格局的家庭成員也較容易有便秘、消化不良等腸胃上的問題。

化解法

　　其中一扇門需全然封住不使用，封住一門也能讓廁所內有更充裕的空間運用。

浴廁篇
破解室內煞氣的好住提案

SHOWER
ROOM

圖片提供_禾捷室內裝修/禾創設計

特別篇

格局篇

客廳篇

臥房篇

餐廚篇

CHAPTER

5

浴廁篇

其它篇

147 陰陽調和、明暗恰當的浴廁空間

不良格局 廁所經常潮濕，馬桶處因有乾濕分隔又顯得特別陰暗。

破解方式 ›››

因為此案位置剛好在空氣潮濕、易下雨的地區，浴廁難免凝聚霉氣，設計師特別著重選擇裝潢建材，地板多使用西班牙進口的陶磚，其毛細孔較大的特性，能讓水分蒸散得更快，使室內常保乾爽。浴、廁之間的半牆造型隔屏則保留了私密性。圖片提供_采荷室內設計

148 門片神隱遮掩衛浴入口，塑造山林畫面

不良格局　床尾對著廁所空間，容易招來廁所穢氣，影響健康也影響心情。

破解方式 ›››

床尾向著衛浴，擔心會造成健康以及運勢問題，結合衣櫃門片將浴廁以及備品室的入口遮掩，當門關上時，像是三道衣櫃門片，細緻的木框收邊與山形紋的木質肌理，像是將天然幽靜帶入房中，增添舒適氛圍。圖片提供_上景室內裝修設計工程

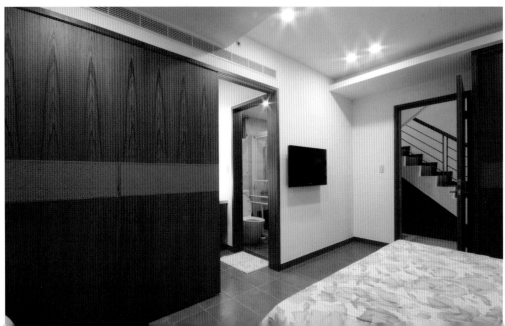

特別篇

格局篇

客廳篇

臥房篇

餐廚篇

CHAPTER
5
浴廁篇

其它篇

149 在財位增設浴缸好納財

不良格局 財位必須搭配水才有納財之效。

破解方式 ›››

風水師通常會算出屋子的財位，設計師再由風水師的建議適當修改或調整空間動線和格局。這間屋子的財位正好在西南方，原本浴室空間就位在此，因為遇水則發，浴缸盛水，意為納財。圖片提供_鼎爵設計工程

150 浴缸招財好風水

不良格局 浴廁空間雖大，但光照不足，也顯得室內陰暗潮濕。

破解方式 ›››

衛浴風水其實很具有重要性，只是一般人時常忽略。浴缸位置最好不要相鄰馬桶，然後浴缸擺放在窗邊，象徵好財位。因為衛浴一向是容易囤積穢氣的地方，如果有充足採光和良好動線安排，就能把缺點轉為優點，可以透過引進採光改善屋內穢氣。圖片提供_禾捷室內裝修/禾創設計

151 柔和設計化解樑下無形壓力

不良格局 浴廁空間中橫樑穿越形成小穿心煞，無論沐浴、如廁都不自在。

破解方式 ›››

以特殊防水木板材質重塑天花板質感，天然木紋與垂燈的暈黃燈光，完全修飾了樑下的銳角，全室並使用大小、方圓、深淺不同的磁磚拼接出充滿村寫意的空間感受，也巧妙掩飾了其它地區突出的尖角煞。圖片提供_采荷室內設計

152 撒下天光的陽光浴室

不良格局 原為暗無天日的陰暗房，容易囤積穢氣，對運勢有負面影響。

破解方式 ›››

位處頂樓的浴室，原本毫無採光且無通風，容易囤積穢氣。透過設計改善了採光問題，因為正好位處頂樓，於是設計師特別從天花板挖洞引進日光，解決了暗房問題。圖片提供_鼎爵設計工程

153 國王的門片，找不到的衛浴入口

不良格局 原建設公司的格局把廁所安排在餐廳旁邊，影響對於用餐者的健康跟胃口。

破解方式 ›››

廁所門豎立在餐廳旁邊，不僅降低用餐環境的品質，在風水上亦有不良影響。因此廁所下方一樣，都將使其的前提下，設計師將廁所門規劃為隱藏式暗門，同樣運用橡木做為門片面材，與周圍壁面融為一體，搭配立面的分割線，巧妙隱藏了門的視覺位置。圖片提供_杰瑪設計

154 隱藏門解決廁所沖床的風水顧忌

不良格局　廁所門正對床尾，形成床尾煞氣，意味廁所穢氣沖到哪就會傷到人體的該部位。

破解方式 ›››

廁所是產生臭氣與穢氣的地方，應避免讓床對著廁所，以免讓人體接收污穢之氣，造成健康問題與壞運。因此將廁所門融入電視牆的造型，透過同一種木材質與滑推門的設計，弱化門片的視覺印象，彷彿不存在一般，也就破解了風水不良的格局。圖片提供_上景室內裝修設計工程

155　自然光線照耀，開窗納福

不良格局　浴廁空間雖大，但光照不足，也顯得室內陰暗潮濕。

破解方式 ›››

設計師以鄉村風格重新打造，大大小小的暖色系磚讓浴廁不再冰冷，簡單大窗不僅讓日光大方納進，也讓沐浴有了更愜意的享受感，更將垂直而下的方柱巧變成乾濕分離屏障，聰明包覆柱體也讓廁所使用更具隱蔽性。圖片提供_ 設計

156　廁所門隱於壁面，化解穢氣

不良格局　原格局廁所的門與大門相對，造成穢氣相沖。

破解方式 ›››

利用清水模的材料做為暗門的基材，讓廁門隱藏於壁面空間中，純粹的清水模素材彷彿淨化入門視覺，刻意在留白處規劃休憩空間，入門的端景形成一幅靜心的畫面，成功消弭浴廁的存在。圖片提供_PartiDesign Studio

157 引進日光去除潮濕穢氣

不良格局 廁所是封閉壁面，沒有採光。

破解方式 ›››

在這個案子中，原本的空間很陰暗，在風水中，陰暗房是盡量不能潮濕的，於是設計師敲掉原本壁面，改用玻璃磚取代，引進日光去除廁所穢氣，減少潮濕感。圖片提供_鼎爵設計工程

158 清爽明亮刷新浴廁印象

不良格局 浴廁空間狹小潮濕且過於陰暗。

破解方式 ›››

浴廁是一家人每天進出頻率最多的地方，若能舒服的待在此處，也能讓一天更有元氣，設計師選用石材搭配白色磁磚，在視覺上最無負擔，嵌燈恰到好處的讓這光線柔和充足，百葉窗通風機能讓再多煞氣穢氣都能隨風而逝。圖片提供_南邑設計事務所

Chapter 6

其它篇

除了室內主體空間客廳、餐廚、房間、浴廁之外，許多較次要的空間並不是家家戶戶都具備，但也有許多風水上的喜忌，像是【神桌】、【陽台】、【樓梯】、【小套房】等，若能夠化解暗藏的煞氣，就是為自己增添好福運。

圖片提供_奇逸空間設計

OTHERS

次要空間也要開運

在台灣，許多家庭會設置神桌在家中供奉神明，以祈求全家平安，然而神桌關係到家運，需要讓神明及居住在此的人都能有不受干擾的空間，因此神桌位置與擺設，因此應特別注意其擺設位置。

神桌風水

風水專家建議，神桌前方要開闊明亮，後方要穩，因此須靠牆擺設，因為這是一處需要安靜、不受干擾的場域，鄰近環境就變得格外重要，需要付出動能的空間如常有出入的樓梯電梯、料理食物的餐廚房不宜，也不要鄰近廁所，神桌後方不可為臥房，更不可設於臥房內。一般來說，神桌最好設置在獨立的場域，或設於客廳，注意的是客廳中的神桌也不適合直接面對大門，兩側也不宜為走道，給家人一個能靜心、虔誠拜神的空間為原則。

陽台風水

風水專家認為，陽台為居宅的明堂，與屋主事業、錢財運勢有關，前後陽台象徵家中錢財進出口及靠山，應以前寬闊後沉穩定的格局為主，只是現代房宅為求增大生活空間，往往將陽台外推，保留窗戶，並不是最理想的格局。

陽台也不建議增設全覆性的鐵窗或不透光的氣密窗，不僅易影響室內自然光源，久居者也往往會有氣悶、有志難伸的感覺，儘可能保留氣場流通的空間。

由於陽台連接戶外端景，屬於防禦室外煞氣的屏障空間，可美化陽台阻擋外來煞氣，例如使用花崗岩、大理石等質地堅硬的原石造景，種植半日照植物，只要注意植物高度不超過160公分，並悉心照顧，維持植物的最佳狀態，若造了景卻疏於養護，任憑植物增長不加修剪或枯萎，則會弄巧成拙，擋煞不成反而引來了穢氣更阻滯好運。

容易形成煞氣的陽台

①陽台面對尖銳屋角沖射——屬於壁刀煞或角煞，易造成居住者健康方面的負面影響。
②陽台面對到兩幢高樓間的狹窄空隙——稱為天斬煞，易帶來血光之災。
③陽台面對道路直衝——也就是「路沖」，易引來煞氣，需要有適當的緩衝。
④陽台外有反弓煞——反弓煞是指前方道路像弓一樣，弓柄朝著自己，易有破財、生意失敗的問題。
⑤陽台面對太過雄偉的建築物——面對氣勢壓過本宅的建築物，例如大型百貨銀行、辦公大樓等，都可能對財運造成負面的影響。
⑥陽台面對不規則外型的建築——特別是指帶有大型凸窗的建築，像鋸齒一般易在精神上受到威脅，生活易有凶險之事發生。

⑦陽台面對廟宇、醫院、殯儀館等建築物──選擇住宅要注意避免鄰近陰性建築，否則長期居住對精神不利。

樓梯風水

樓梯通常出現在夾層屋、別墅或是樓中樓的住宅屋型，雖然只是連接上下空間的過道，也有不少風水考量，最重要的原則就是要保持此區的暢行無阻，否則卡卡的動線不僅風水不佳，以科學觀點來說亦是不符合人因工學的設計。

樓梯風水的重點

①樓梯的階梯數應為「單數」──民俗上認定單數為陽、雙數為陰，房間中樓梯階數應以單數為宜。
②避免鏤空、懸浮式的設計──樓梯為腳踩之地，應有實在、腳踏實地的象徵，若鏤空懸浮，腳步不穩，反應在生活中則易有挫折。
③避免無扶手的設計──扶手能增加行進的穩定，也能避免意外，每一步的能沉穩踏出。
④避免開門見梯──樓梯引導上下氣流，以致納進來的氣上下四散，不宜與大門相對，或開門見梯，可增設玄關或屏風作為阻隔。

小套房風水

許多在異鄉工作生活的族群，會選擇在交通便利的地方，租用或購置簡便的小套房居住，基本陳設就是將客廳、臥房、餐廚等空間更為簡化，使用坪效也更高，除了仍要注意的風水煞氣之外，狹小開放的空間中更多了不少可能影響生活的細節，不可不慎。

小套房風水的重點

①避免門窗直直相對的小穿堂煞──門窗氣流前後貫穿形成易漏財的小穿堂煞，難以納氣，往往影響職場陞遷，工作事倍功半。
②避免無對外窗的悶濕房──不僅空氣不流通，更有潮濕問題，久居將影響身心健康。
③避免床頭、床邊擺放電器──無形的電磁波是健康的一大危害源，在風水上來說也會使居住者精神耗弱，難以專注。
④避免在床邊煮食──除了衛生考量外，煮食後殘留的異味影響睡眠，且煮食須火，與火相鄰往往難以成眠。
⑤注意鏡面煞──鏡面的反射易帶來不良的影響，尤其在套房中更要預防，建議設置在隱而不現的地方。
⑥不要選擇住在死巷底、加蓋頂樓或違建──考量的住宿的安全及生活品質，需嚴加選擇小套房的居住環境。

神桌沖門

　　門對於神桌同樣也有著嚴重的風水忌諱，不論是臥房門、廚房門、廁所門等，若直線與神桌對到，或與門相鄰，都是大大的不敬，且神桌屬於藏風納氣的場域，對到門、對到窗都讓財氣難存，家人彼此也會因金錢起衝突。

化解法

　　設計小小圍牆或屏風，修飾相沖的煞氣。

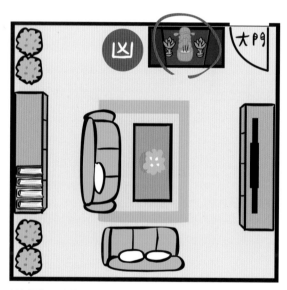

插畫提供_張小倫

神桌靠窗

　　不宜靠窗的除了沙發、床及瓦斯爐、冰箱外，神桌背後亦不可為窗戶，因為窗在風水中象徵另一個空間，是無形體的，神桌若無靠，將使家人丁凋零。另外因後房無靠，難以聚氣，工作往往付出多回收少。

化解法

　　最好能另覓適合的神桌位，或將窗戶重新粉刷封住。

浴缸外露煞

特別是小套房或是較大的臥房中，有屋主將浴、廁獨立設置在房間中，成為無隔牆的開放式或半開放式的格局，浴廁與房連成一體，室內濕氣重複循環，易使居住者出現腎臟方面的問題，夫妻房或套房有此格局，則要當心夫妻同床異夢、貌合神離。

化解法

僅做單面屏風並無法達到化解效果，需重新規劃格局，將完整浴室納入房間中。

插畫提供_張小倫

插畫提供_張小倫

樓梯下方煞氣

有些樓中樓的房型為妥善利用樓梯下方的畸零空間，將此處設計浴廁、廚房、書房、神桌或臥房等，上方有天花板斜斜而下，都容易讓人產生不舒適的壓迫感，一般來說樓梯下方皆不適任何生活起居場域。

化解法

樓梯下方只適合用於造景、淨空或以櫃體將缺口補直，作成儲藏間，不適合作為活動空間。

陽台外推煞

　　在許多中古屋、老屋改建時，為增家室內使用面積，屋主偏好將前陽台外推擴大客廳，表面上有利於擋住塵埃和污物進入室內，但在風水學上來說，這樣好比「關閉了納氣之門」，將好運排除在外，以科學角度看，陽台外推影響結構，威脅生活安全，而住宅室內通風不良，久居其中，易出現噁心、頭暈、疲勞等症狀。

化解法

　　若已為外推式的格局，可在窗戶與客廳中間，保留室內納氣的空間，如增設矮櫃或起居空間，並在此處擺放盆栽，除盆栽外避免窗前堆積過多雜物，以創造氣場緩衝的空間。

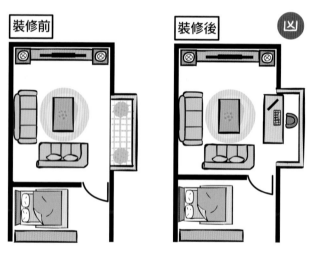

插畫提供_張小倫

露天玄關煞

　　許多住宅屬於大門在露天的陽台之中，看似阻隔了許多煞氣，但其實一進門就進入四面八方無阻擋的格局，半露天室外陽台視野太過通透難以聚氣，好運遇得到卻得不到。

化解法

　　改善陽台半露天的形式，以透明強化玻璃做成活動窗，也可避免室外的日晒雨淋。

其它篇
破解室內煞氣的好住提案

OTHERS

圖片提供_奇逸空間設計

159 補側牆避免樓梯懸空感

不良格局　頂樓獨立佛堂相當幽靜，但因左後側臨樓梯而懸空，形成不安定感。

破解方式 〉〉〉

設計師利用原本右牆凹槽畸零角，配合在左邊鄰近樓梯處補建側牆，讓神桌成為內嵌進實牆內的穩定設計，並使莊嚴肅穆的佛桌更顯對稱與尊貴美感，也更符合於風水設計考究。圖片提供_遠喆室內設計

160 營造水流景觀，美觀又帶財

不良格局　原先室外露台僅是一般空間，增設水池後，多了閒適氣息。

破解方式 〉〉〉

居家風水中，陽宅前的水池稱作「風水池」，水流方向最好是明水來，暗水去。在這個案子裡，設計師利用水池做了景觀，並將水流引向屋內的財位方向。圖片提供_奇逸空間設計

161 斜移大門巧避天斬煞

原本大門開在正面，直對對面兩戶之間的縫隙，形成不佳風水。

破解方式 ›››

家宅大門面對兩棟大樓中間的夾縫，在風水上來說負面影響極其強烈，住家成員之間易起爭執與血光之災，或是可能患需動手術之疾病等。設計師在設計時特地將房門轉為側邊巧妙躲過煞氣，而裝修後外觀的騎樓設計更是流露人文氣息。圖片提供_里歐室內設計

162 雕花屏風，破解小套房壞風水

受限於小坪數，產生了小套房常見的「開門就灶」的風水禁忌。

破解方式 ›››

為了化解小套房開放空間而產生的「入門見灶」問題，設計師特別在廚房吧台間前裝置雕花線板屏風，除了有效遮蔽火爐位置，化解風水煞氣，亦讓空間保持通透明亮。圖片提供_對場作設計

163　設端景屏風，化解風水煞

不良格局	因小套房格局，形成冰箱與爐灶對沖、進門見冰箱、穿堂煞等問題。

破解方式 ›››

冰箱的位置與火爐相對沖，且開門即見冰箱，為漏財風水；再加上廚房空間與後陽台相鄰，造成大門可直接看到後陽台形成穿堂煞。為了解決這些風水禁忌，設計師精心打造一個端景L型屏風牆，巧妙地避掉風水禁忌。圖片提供_對場作設計

164　開天井小明堂明亮地下採光

不良格局	所謂「光線進不來，醫生跟著來」，原本室內採光昏暗，通風不良，讓人居於其中感到不舒適。

破解方式 ›››

家中有庭院，增設水池不但有景觀之效，在風水中還象徵錢流，導向室內財位方向的話更好。一般來說，大門進門後左方45度角處是財庫，剛好這案子的財庫是書房位置，因此從書房能望到這片庭園景觀，水流又導向書房方向，象徵好兆頭。圖片提供_FUGE 馥閣設計

165 源源不絕的水流，象徵吉利

不良格局 庭院原先沒有水池規劃，增設水池，無形中帶動了氣場。

破解方式 ›››

家中有庭院，增設水池不但有景觀之效，在風水中還象徵錢流，導向室內財位方向的話更好。一般來說，大門進門後左方45度角處是財庫，剛好這案子的財庫是書房位置，因此從書房能望到這片庭園景觀，水流又導向書房方向，象徵好兆頭。圖片提供_奇逸空間設計

166 造型天花遮擋壁刀煞，避開血光之災

不良格局 神桌被壓在樑下形成凶煞，家人容易發生意外。

破解方式 ›››

原本神桌上方有根樑，為破解神桌壓樑的「壁刀煞」，犧牲一點樑下空間，運用平板天花掩蓋大樑，並刻意與牆脫開在內部安排間接燈光，製造出燈帶效果減輕壓迫，也替素淨的天花置入亮點。圖片提供_上景室內裝修設計工程

【個案1】

用風格化解煞氣
創造自然呼吸幸福宅

位於內湖的住宅，雖有良好的採光及位置，
但玄關、餐廚及臥房皆暗藏不良風水，
設計師兼顧風格設計同時妙手修改格局，
重建一室好風好水理想居宅。

設計公司：演拓空間室內設計

這棟位於內湖的住宅，採光及位置適當且格局完
整，只是玄關處本有穿堂煞、餐廳和房間均有壓
樑問題，加上屋主並不喜歡以降天花板的方式化
解，因此設計師在這一塊以巧妙方式保留寬闊空
間，同時運用格局的轉向設計搭配軟件及包覆式
手法，將不佳的風水完全包覆於設計中，成功打
造無壓力生活空間。

Before

After

[整修A]

[整修B]

[整修C]

167

[整修A] 屏風擋煞，融入全室典雅風格

原本大門直接正對著客廳落地窗的格局，形成常見的穿堂煞格局。為阻擋由大門穿堂而入的氣，以便改造為聚財、聚氣的好格局，設計師選擇在落地窗旁、正對大門的位置設立玻璃屏風，並以大圖輸出的圖案來呈現清新高雅的畫面。

168

[整修B] 利用櫥櫃填滿樑下空間

開放式廚房在與玄關相鄰的側牆上方有壓樑問題。大樑循玄關動線進入室內，由於屋主不喜歡天花板做太多包覆，因此僅在樑下以木皮做掩飾，讓樑轉化為客廳與書房、餐廚空間的定位門拱，增加空間層次感。而廚房內部樑下則填滿櫥櫃來化解問題，至於爐灶也避開樑下配置於另一側。

169

[整修C] 轉個向，簡單化解壓樑

房間床尾與床側通道上方均有大樑經過，形成典型壓樑煞。因屋主不喜歡天花板過低，加上房間夠大，因此面對壓樑問題並未以降板設計，而是先找到避開樑的方位，藉由床頭轉向來化解，且在床頭鋪上木牆與窗檔來創造更安穩的睡眠環境。

【個案2】

光線×色彩
建構無煞的舒適空間

透過裝修格局、通風採光、
顏色搭配、裝潢佈置，
融入風水改造，
構築舒適又開運的空間氛圍。

設計公司：對場作設計

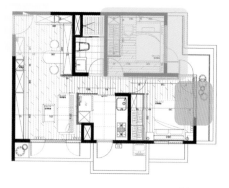

After

由於設計師與屋主已多次配合，對於屋主的居家需求及空間規劃的要求已非常了解，唯因屋主非常注重風水問題，因此設計師依照屋主對風水的考量並結合風水師的意見，在每個細節處做風水的調整，有效破解不良風水禁忌，也將風水原則融合於設計之中。成功地為屋主營造充滿愛情海蔚藍風情的溫馨居家風水好宅。

[整修A]

[整修B]

[整修C]

170

[整修A] 風水吉位，聚財聚氣

透過風水老師的指點，客廳沙發擺放位置的牆面特意凹陷一角，凹角處為風水的納氣位，能藏風聚氣，有聚財之意。另因庫財不宜開窗的風水問題，設計師特別封掉落地窗左邊的拉門，避免有漏財之虞。玄關處亦有跳色拉門形塑主客緩衝空間。

171

[整修B] 化煞＋機能，收納櫃體一物多用

風水上忌諱床位壓在樑柱下方，設計師運用虛化樑柱的手法，增設整面收納櫃牆，也安置了跟樑等寬之床頭櫃，不但能擁有設計感的收納空間，亦同時兼顧風水禁忌，避開樑煞。

172

[整修C] 用裝潢化解一劍穿心煞

房間門開於走道之盡頭，走道之氣直衝房內，在風水上稱為一劍穿心煞。為化解此煞，在不更動格局結構的考量下，設計師特別精心採用隱藏門的設計，延伸牆面半腰線板，巧妙搭配整體裝潢特色，又能化解風水問題。

【個案3】

擁有好風好水的 Loft光感生活

工業風追求質樸、斑駁、灰階等的原始美感，
向來難以和嚴謹、規矩、平整的風水學理
難有連結，不過只要掌握原則，
Loft風格也能開創一番好風水的居宅格局。

設計公司：于人空間設計

After

這是一個位於桃園的28坪小宅，年輕的屋主夫妻對於充滿咖啡館氣氛個工業風情有獨鍾，但又擔心格局上易產生風水煞氣，尤其Loft風中常見的開放式設計和管線裸露，往往與風水相悖，所幸設計師運用整體空間重新規劃，並以窗戶引進充足自然光，解決室內陰暗的缺點，同時留心室內門向、樑柱在風水上易產生的煞氣問題，運用牆面、拉門、收納等等方式化解不佳的格局，在設計時不但注入了Loft元素，也保留了吉祥的風水特性，也為小家庭帶來無限幸福、溫暖。

[整修A]

[整修B]

[整修C]

173

[整修A] 活動式拉門阻隔外來大煞氣

雖然格局中由大門進客廳時，有一處空間較狹小的玄關，剛好可阻擋從大門看進臥房、廚房和廁所的視線，但還是難以避免與落地窗直直相對，形成穿堂煞，設計師以霧面毛玻與木框打造活動式拉門，用以破解穿堂煞氣，同時保留室內光線，多了完整的緩衝空間，全家也能更安穩居住。

174

[整修B] 順勢而為，用穿心樑隔出空間

原屋格局中有一大片客廳場域，但在客廳1/3處有大樑橫跨空間，凌厲的銳角穿心而過，屬於容易為家人帶來災厄、疾病的風水，設計師運用此一大樑隔出書房空間，刻意不做滿保持視覺及光線的開放通暢，也讓室內空間的運用更精實。

175

[整修C] 以風格和照明逼退樑下壓迫感

客廳區域原本沙發上方的大樑位置完全符合風水學中的破腦煞，久坐於此易使人頭眼昏花、精神不濟，設計師在樑下作一壁燈，藉以修飾大樑帶來的高低落差，同時在天花板處以紅、黑互搭的軌道燈和造型管線，用豐富的元素呈現天花板富有活力的風格，大樑失去存在感，煞氣自然也就少了。

【個案4】

打造風生水起的
樂活旺宅

設計師運用空間的綠意，
融入空間與生活需求的視野，
輔以風水能量觀點，創造樂活好宅。

設計公司：國境設計

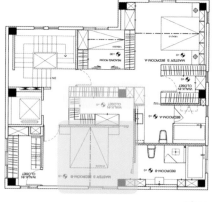

After

100 坪的透天厝空間，家庭成員為3個大人1個小孩，4房2廳的設計格局，設計師以屋主的感覺與需求作為設計的起點，輔以專業的評估，作出最有利於空間與生活需求的規劃。設計師也觀察到這個住家空間坐擁綠意，若是能將綠意美景納入屋主與家人每天的視野之中，更能傳遞出輕鬆樂活的生活感。因此設計師採用大片落地窗景，保留了美好的花園景致，加入風水能量，讓百坪豪宅成為永續能量的好宅。

[整修A]

[整修B]

[整修C]

176

[整修A] 特殊圓弧修整全室尖角煞

風水上忌諱尖銳的事物，如果尖角對著門，不利健康和財運；對著大門，則對家運不利；對著臥房，則對住在臥房的人不利。因此設計師注意到這個風水的忌諱，將天花板、柱子和櫃體的尖角改為圓弧形，解決尖角煞的問題。

177

[整修B] 虛化樑柱創造無壓力臥房

風水上忌諱床位壓在樑柱下方，最好的化解的方式就是運用設計的手法來虛化樑柱，設計師在居家裝潢設計時即增設床頭櫃，讓床位遠離樑下位子。在裝潢設計規劃階段，善用居家風水法則，就能創造兼具設計感、機能性與風水格局的住宅空間，使居家環境品質提昇、生活更舒適。

178

[整修C] 玄關心機小設計化解沖煞問題

為化解穿堂煞的漏財格局，設計師於玄關設置收納展示櫃，不但能為家中的設計風格與品味畫龍點睛、創造方便的收納展示機能；更能作為大門與客廳的緩衝空間，創造視覺轉折，輔以遮蔽或阻擋不好氣流直沖室內的問題，提升隱蔽性、安全感、並化解風水煞氣。

【個案5】

典雅奢華形塑
高質感生活品味

運用大空間魔法，巧妙化解藏在細節的魔鬼，
溫潤的窗景恰到好處的帶來一室明亮，
依循生活質感、貼近人心的設計，
最是家宅最吉祥的好風水。

設計公司：金岱室內裝修

After

[整修A]

[整修B]

179

[整修A] 高低差天花板全然打破禁忌

設計師拆除了原本的拱型框，以開放式格局營造全室大器的氣勢，由於大樑壓頂，也以高低差、材質拼接的藝術天花板破除煞氣，同時也區隔了空間。

180

[整修B] 折角巧妙化解壁刀煞

簡約舒適的臥房中暗藏了相當銳利的樑柱煞氣，設計師刻意避開了樑下的位置，但又碰上床角壁刀，於是修飾角度化解，靠近窗邊處也多了擺放桌椅的空間創造臥房裡獨享的輕鬆角落。

五行風水
能量開運事典

運用五行增強居家風水能量，讓你諸事順暢！

Part 1　　揭開五行能量的祕密

Part 2　　算出你的五行屬性

Part 3　　居家開運與五行命卦

Part 4　　強運五行　風水佈置術

插畫提供_張小倫

作者◎善存老師

將近四十年的命理經驗，擅長以深入淺出的方式論命，並以中西命理綜合分析法全方位解析，自幼家學淵源，精研中西命理，半生從事教職，正派認真的特質，表現在對人命運的關懷，最大的希望是破除江湖術士的迷思，給疑惑徬徨的人最積極正確的導引及協助。

Part 1

揭開五行
能量的祕密

　　源自於西周的『易經』是先民們奉為圭臬的生活智慧，流傳至今，甚至連西方人都很風靡，易經講求的是『天地人合一』，意即自然界中，宇宙是一個大磁場，人體是一個小磁場，每個人從出生的那一刹那，受天上日月星曜及山川洋流、地理環境的交互牽引，賦予了每個人不同的生命能量，同時也賦予了你在人生舞台所扮演的角色，以及可能遭遇到的挑戰。而『家』是與每個人生活最息息相關的場所，配合先天五行來做能量的調整補強，就能促使居家磁場能夠風生水起，增旺好運！

五行的特質是什麼？

　　五行係指木、火、土、金、水五種天地間存在的物質元素類型，還有陰陽之分，它們各有其特殊的性質與能量，可以相互輔佐，也可以相互制衡，若是把這其中的關係與道理運用到日常生活，可以讓人知道在合宜的範疇做合宜的舉動，就能夠產生一股『氣』，就人體來說，『氣』是元氣，也代表著活力與動能。

五行所代表的意涵

木 → 東 → 不斷的向上、向外生發成長
火 → 南 → 溫暖、上升、騰達
土 → 中 → 生養孕育、承襲、包容
金 → 西 → 革新、肅穆、收斂
水 → 北 → 滋潤、向下的意涵

五行常說成：「木──火──土──金──水」，意即：木生火、火生土、土生金、金生水、水生木，循序形成一個生生不息的循環，產生不同的生命能量，而木、火、土、金、水這五個元素，每相隔一個就產生相互剋制的關係（見下圖），至於相剋是否就是絕對不好，也要因人、事、時、地來判斷，因為相剋成材（財），像是樹木要生長成為能製作器物或建築所需的棟樑之材，必需向下紮根，往泥土裡延伸它的根莖，吸收土壤養分，如此才可以向上成長得高大，這就是土被木所剋；那麼，被剋制的土又有什麼好處呢？我們都知到山林中的土壤，有了樹木的盤根錯節，可以把土壤吸附得更牢，反而能減少土壤的流失，避免大雨來來襲時，發生嚴重的土石流呢！

插畫提供_張小倫

而根據五行還可以作色彩、五官、五臟、季節、情緒、數字等不同的判別，其中四季裡五行之土藏於每季的最後十八天。

五行對照表

五行	五方	五形	五色	五季	五臟	五觀	五情	數字
木	東	長	青	春	肝	眼	怒	1、2
火	南	尖	紅	夏	心	耳	樂	3、4
土	中	方	黃	四季中	脾胃	皮	怨	5、6
金	西	圓	白	秋	肺	鼻	喜	7、8
水	北	動	黑	冬	腎	口	哀	9、0

古代習慣以天干地支來記年，十天干不僅有五行區分，更有陰與陽之別，甲、丙、戊、庚、壬屬陽，乙、丁、巳、辛、癸屬陰。地支則有十二個，分別是：子、丑、寅、卯、辰、巳、午、未、申、酉、戌、亥。它們也有陰陽，五行及方位的區分：子、寅、辰、午、申、戌屬陽，丑、卯、巳、未、酉、亥屬陰。為了方便記憶，古人也把十二地支用12種動物代表，也就是12生肖。

天干、地支的五行與方位如下：
木 → 東 → 虎、兔
火 → 南 → 蛇、馬
金 → 西 → 猴、雞
水 → 北 → 豬、鼠
土 → 中 → 龍、狗、牛

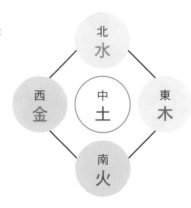

Part 2

算出你的五行屬性

　　所謂風水，是一門如何與居處環境空間和諧相處的學問，我們都知道居家環境風水影響居住者的行氣及運勢，除了改善環境，我們更應進一步了解自己先天的五行屬性及能量，才能真正化解環境所存在的隱形煞氣，調整適合居住、暢通運勢的生活風水。關於個人五行的推論：

生辰八字論

　　可以從個人出生年月日時分別對應上述天干與地支，然後推算自己在年、月、日、時四組干支的五行統計所占比例來區分個人八字五行強弱，來選擇適合你居住的樓層、房屋座向、房間方位，再加上開運佈置來增旺運勢，但此方法雖然精準卻十分繁複，需要透過命理師詳細推算。

幸運命卦數

　　除了從個人生辰推算外，關於五行的判別法，其實有許多不同的學術理論，以下是善存老師提供讀者們一個簡單而準確的個人五行屬性的命卦數算法。

計算方式如下：

① 找出你的農曆出生西元年份。（例如：西元1974年1月出生的人，由於1974那年的農曆新年在2月，那麼1974需減1應為1973年。）

② 將你出生年的後二位數兩兩相加至個位。（以1974年3月出生為例，後二位數7+4=11、1+1=2）

③ 若是男性，再用10減去步驟②最後運算所得的數字，以1974年3月出生為例，10-2=8，則此男命卦數為8。

若是女性，就將步驟②最後運算所得數字加上5，如2+5=7，則此女的命卦數為7。（最後運算所得數為二位數，再將數字倆倆相加至個位數。）

特別提醒： 步驟③最後運算所得數字若為5時，那麼男性的先天命卦數是2；而女性先天命卦數為8。

④ 根據最後運算出的結果，從表一中找到命卦數，如命卦數為8，則屬於西四命的「艮」，最佳風水方位為西南方。

表一

東四命			西四命		
卦數	最佳方位	五行屬性	卦數	最佳方位	五行屬性
1 坎	東南	水	2 坤	東北	土
3 震	南	木	6 乾	西	金
4 巽	北	木	7 兌	西北	金
9 離	東	火	8 艮	西南	土

　　以上（表一）各命卦人的最佳方位是指能夠提升你元氣的方位，工作、學習或是用餐等，皆宜選擇上表所列屬於你的最佳方位。

就居家風水而言，我們亦可運用八卦的原理分別找出能滿足你各項需求的相對應方位（房間位置或房間角落）。首先，將你的居家房間位置繪製一幅平面圖，然後利用羅盤來定出各個方位。（如表二）

表二

東南方 錢財與富裕的方位	南方 名氣與聲望的方位	西南方 姻緣與桃花的方位
東方 家人互動及家人健康相關方位	中央	西方 子女、兒孫的相關方位
東北方 學習與考試的方位	北方 事業的方位	西北方 長輩、上司、貴人相關的人際運勢方位

至於（表二）所載的八個方位，如果剛好是你命卦上的吉祥方位，則善用你五行所屬的材質、開運物、色彩系列的裝潢佈置，對於開運都有加分效果，若是你的弱勢方位則在風水佈置更需格外用心。

Part 3

居家開運
與五行命卦

插畫提供_張小倫

　　傳統的理論，一個人的命卦是什麼，就應當選擇相對應他命卦的五行來論斷，也能從中看出先天的個性與特質，但是單憑出生年的卦象不可能精確的只配某個方位，因為出生的年月日時都有其干支，所以從表一命卦的五行屬性來推論個人運勢、性格特質以及適合居住的環境是可以有其參考價值，而任何一個卦象的人，都可以還有好幾個從屬的方位可以選擇，要懂得彈性運用。

木 木行人
東四命──命卦數為3震、4巽的人

3震性格特質

(A) 活潑開朗、心地仁慈、有同情心及俠義精神，樂於助人，待人處事能予人信賴之感，人際關係不錯。

(B) 愛面子、重視形象、外表看似剛強，但內心柔和、思想正直、有建設性，意志力堅強，對於自己設定的目標或想要進行的事務，會積極採取行動。

(C) 行事風格積極進取，但是為求達到目的，有些不計代價後果，過於躁進，思慮不周全，有時難免得不償失，損人又不利己。

(D) 個性缺點是有些固執己見，容易自以為是，固執己見，欠缺深謀遠慮，雖然企圖心強，但率性而為的舉動，過早將自己的野心顯露，反而容易遭逢打擊。

(E) 不甘寂寞，愛熱鬧，喜歡出風頭，受到稱讚便沾沾自喜，有些好大喜功，驕矜自滿，也容易受人利用。

(F) 與家人緣份較薄，容易受到浮華世界的引誘，有遠走他鄉往外地發展的傾向，比較難擁有溫暖家庭生活。

(G) 無論男女都很辛勤努力，十分執著於金錢、物質的追逐，中年之後可望成功，但需注意前面所說性格弱點，才不致老來生活無依。

4巽性格特質

(A) 頭腦聰明、富於巧思、才華洋溢、興趣廣泛、創意之舉時常讓人驚豔，如果能堅持努力，年輕之時就可望有傑出表現。

(B) 熱心、有耐性、愛管閒事、行事溫和、喜歡結交朋友，社交手腕高明，容易受人歡迎。

(C) 主觀強、有遠見，很有自己的想法，比較不會受到他人的煽動誘惑而改變志節，凡事都能在自己規劃掌控之下進行。

(D) 雖然具有優越的才能，但卻少有比別人突出的表現，往往容易三分鐘熱度，又因為好奇心強，比較無法長期處在單調工作環境而產生倦怠感，常有換工作傾向。

(E) 心性多疑，容易思慮過度而自尋煩惱，反而阻礙前途發展，要能夠聽取一些朋友建議來加以整合過濾，為自己所用才好。

(F) 比較閒不住，也不喜歡受約束，期望能逍遙自在，經常東奔西走，熱中於旅遊。

(G) 雖然很有前瞻性，常有轉換跑道的現象，但中年之後宜定性，避免三心二意，要堅持在工作崗位，不輕言換工作。

火 火行人
東四命──命卦數為9離的人

9離性格特質

(A) 表裡不一、外剛內柔、思緒多變，容易猶疑不定，且浮躁易怒，抗壓性不足，如果受到外在施壓，就難以堅持原則，固守原本的信念。

(B) 大多擁有亮麗的外表，頗受人矚目，重視物質享受，容易養成好逸惡勞、驕奢浮誇的生活習慣。

(C) 個性倔強，容易走極端，耳根子軟，又經常意氣用事，稍一不慎便容易陷入他人設下的圈套而無法收拾。

(D) 行事作風往往有虎頭蛇尾的傾向，在一開始的時候總是興沖沖抱著極大的熱忱，但後繼乏力，總是草草收場，最後只好轉移目標甚至撒手不管。

(E) 腦筋極佳，應變能力不錯，會瞧不起那些墨守成規、一步一腳印的老實人，喜歡抄捷徑走偏鋒，行巧弄險來達到目的，必需好好培養人際關係。

(F) 多情善感，感情忽冷忽熱，異性緣佳，比較經不起感情誘惑，對於異性關係宜多加留意，尤其是已婚男性需以家庭為重，以免婚後出軌而導致感情破裂而走上再婚之途。

(G)　　避免見異思遷或過於投機取巧，中晚年運勢不錯，加以把握！

土　土行人
西四命──命卦數為2坤、8艮的人

2坤性格特質

(A)　　個性柔順、不慍不火、有寬容心，懂得體恤照顧人，雖任人踐踏也不以為侮，是能夠努力不懈，腳踏實地，很有苦幹實幹精神的人。

(B)　　雖然勤奮正直、但依賴心強、且容易疑神疑鬼，總是想東想西卻思慮不夠周延，凡事容易猶豫不決，缺乏果斷力。

(C)　　有些固執、容易利欲熏心、佔有欲強，且有嫉妒他人的心理，比較難接受外人的批評指責，因而導致容易淪為孤軍奮鬥，最好是能夠追隨較具前瞻性與理想的合作夥伴，較能夠功成名就。

(D)　　中年之前有傾其祖產，東奔西走，在外奮鬥尋求發展的現象，肯為家人不辭辛勞，很有儲蓄美德，會為安頓家人而累積豐厚財產，老來多半可以食、衣、住、行不虞匱乏。

(E)　　無論男女，都需遠離情色誘惑，避免臨老入花叢而身敗名裂。

8艮性格特質

(A)　　剛毅正直，頗有憐憫之心，外表溫厚柔順，內心卻十分剛強，由於自我意識相當強烈，因而行事風格不免有些魯莽。

(B)　　個性頑固保守，務實勤奮，物質欲望強，很懂得愛物惜財，因而頗能夠蓄積財富，對於金錢的嗅覺靈敏，哪兒有錢賺便會往哪鑽營。

(C)　　社交往來過份重視錢財，凡事向錢看的性格，往往會讓人認為太現實而招致非議。

(D)　　過於執拗於自我主張，有時候會被人認為你孤僻難溝通，也十分貪婪，有容易因為利益而半途變卦的不良習性。

(E) 多半時候你仍然是忠厚老實有誠信的，因此，財運發達，你多半能享有不錯的物質生活，可以成為積富之人，晚運不錯。

(F) 如果早年有繼承祖產，要注意在中年時期有散財的情形，好在你頗有經營概念，能夠再度賺回原本的財富，甚至累積更多不動產。

(G) 無論男女，都不善經營感情，婚姻生活都比較令人擔心，比較適合晚婚，女性最好嫁給長男以外之男性。

金　金行人
西四命——命卦數為6乾、7兌的人

6乾性格特質

(A) 頭腦聰明，心性剛強，自視甚高，雖然外表看起來和善，卻經常不把他人看在眼裡，好勝心強，喜歡挑戰權威，也有為反對而反對的傾向，容易得罪人。

(B) 原則過多，完美主義，不能忍受別人的缺點，吝於讚美他人，卻喜歡干預別人，言詞也不甚婉轉。所幸天生的物質運還不錯，多半衣食優渥。

(C) 獨善其身，任性而固執，容易有一廂情願的想法，在年輕之時，會有思慮不周而盲目行事的情形，也有些好高騖遠，衝動躁進，瞻前不顧後，甚至言行不一致而遭致失敗。

(D) 女性多半含蓄內斂，不善於交際，看起來有些高傲難以親近，以至於本身的才華優點不易為人發現，或是無法獲得賞識而有所發揮，常有可能抑鬱孤獨的度過一生。

(E) 尤其是出生富裕家庭，養尊處優的女性，更是需要學習經營人際關係。

7兌性格特質

(A) 重視形象，懂得修飾，穿著得體，外表看來穩健圓融，也善於經營人際關係。

(B) 愛熱鬧，口才佳，言語得體，社交場合能面面俱到，因此，人緣頗佳。

(C) 雖然優雅穩重，但也有容易躁進的缺點，且個性頗為自負，對人耐性不足，並且多疑，喜歡猜忌，也不容易滿足於現狀，不得意時，總是嘮騷滿腹，一發不可收拾。

(D) 口齒犀利，好逞一時之快也是性格上的敗筆，與人互動，容易流於輕浮，若未能妥善拿捏分際，往往得罪人而不自知。

(E) 極其聰明，才華洋溢，很懂得掌握機會表現自己，容易受到長輩賞識提攜而較早在社會上出人頭地。

(F) 但因為好高騖遠，不服輸的心態濃烈，即使芝麻小事也要強出頭，也容易發生聰明反被聰明誤的情況。

(G) 無論男女，均十分感性，容易心軟，受感動而落淚；男性需注意應酬過多引發的情色糾紛，女性的佔有心尤強，善妒愛吃醋，尤其對於丈夫有叨唸的習性，容易引起家庭風波。

水 水行人
東四命——命卦數為1坎的人

1坎性格特質

(A) 心高氣傲，志向遠大，有強烈企圖心，有堅強的意志力，不辭辛勞，能忍人所不能忍，屬於歷經豐厚磨鍊，愈到晚年愈成功的類型。

(B) 外表溫柔，內在剛強，品格高尚，膽大而心細，思慮極周密。

(C) 女性多半感情豐富，心思細膩，手腳俐落，勤儉又有耐心，投身職場辛勤持家的典範。

(D) 待人處世圓滑，人際關係良好，善於經營買賣，眼光精準獨到，對自己想要達成的目標，會努力不懈，生活堪稱富裕。

(E) 個性也有些叛逆倔強，耳根子軟容易受人言詞煽惑，不免經常受騙而損失錢財。

運用五行磁場 安排居家的吉祥位

自然界的萬事萬物都有其磁場，以現代人的角度來看，居家風水即是指光線、動線的流暢所形成的磁場氣流能為人體所用，可以提振精神與能量；居家風水布局影響家庭中每個人的健康與運勢，而觀察居家風水格局最重要的三個重點即是：門（大門）、主（主臥）、灶（廚房），三者要互生無剋，因為門是居宅的進出氣口，各房間的門也都有氣流，而主是指主臥，或客廳，主人休憩或家人互動之所在，關係家人和諧，而廚房則是養生之所，關係家人健康。

門與玄關的命卦風水

這裡所指的是住家大門，而不是整個大廈或公寓的大門，所謂的門其實還應該包含玄關，因為大門是吉氣的入口，玄關則有接納吉氣停留緩衝之意，以命卦的吉祥方位來定，門要朝向自己五行命卦的吉方，例如1969年出生的男性，命卦為東四命卦象1坎（算法請見Pxx表一），大門的吉方東南。不過要以實際狀況來決定採用屋內主人的五行命卦吉方，通常男主人和女主人同住時，誰是家裡的主要經濟負責人就以誰為主，如果兩人同為上班族，收入也相當的話，一般客廳以男主人為主，臥房以女主人為主。

插畫提供_張小倫

北方玄關

居宅的玄關設於此處，一般來說，家中的女性有掌權的現象，是在家中講話較有份量之人。北方玄關的能量會影響居住者人際關係，居住者的個性除了不善於與異性打交道，處事態度不是容易變得過於積極就是過於消極，個性有些情緒化，或因口才不佳而遭人誤解，若能以吉祥物的佈置來改善這方面的缺點，拓展人際關係，工作可望成功。

東北方玄關

東北方玄關的能量使得居住者個性較為爽朗，注重人情義理，會熱心助人， 只要佈置妥善，多半都能給屋主帶來良好工作運勢，財運也不錯，工作異動或轉職的機會也多。但如果不屬於你五行的吉方加上布局欠佳時，居住者就容易變得心口不一，雖然表面上笑口常開，內心裡卻很彆扭，只要與人心存芥蒂，就無法釋懷。

東方玄關

東方玄關的能量讓人朝氣蓬勃，對於拓展人際及事業前途有推升作用，很適合年輕男女，但有時候因為能量太強，會使得有些居住者情緒變得不穩定，或是個性太過鮮明，容易將好惡之情表現得太激烈，因為腦筋轉得快，又自恃聰明，有不畏困難的勇氣，往往會把事情想得容易了些，因而誤判情勢而導致希望落空。

東南方玄關

這是個適合大多數人的玄關位置，東南方能量的加持，會懂得與人為善，使得住在宅中的成員多半都有著不錯的情緒控管能力，跟左鄰右舍或是親朋同事都可以彼此感情和睦愉快地相處，就算有衝突，也 能夠大事化小，小事化了，即使顯得有些鄉愿，但凡事以和為貴，因此，做任何事可順利。

南方玄關

　南方玄關賦予家族成員獨立自主的能量，個個頭角崢嶸，每個人在外為工作衝刺努力都很有一套，可依個人實力完成，乍看之下似乎彼此都有些相互較勁的味道，加上彼此都忙，平日看來相處不怎麼熱絡，予人互動不夠親密的感覺，但若一旦發生事情，就會展現出團結的力量一致對外，同仇敵愾，是會胳臂向內彎的，全家人敵我意識相當鮮明。

西南方玄關

　西南方玄關的能量，會使得家中女權高漲，不過卻也勤勉能幹，悉心照顧家人，家庭生活和諧，運勢平穩，與左鄰右舍彼此能守望相助，偶爾會有八卦，但能融洽相處。家族成員在外工作發揮競爭力，經濟有一定的水平。

西方玄關

　西方玄關賦予居住著良好的社交能力，家人個性開朗活潑，給人親切感，善於經營人際關係，因此，家中常可能高朋滿座。由於出手較闊綽，比較需要在金錢方面量入為出，工作上會喜歡抄捷徑，喜歡賺大錢，敢於投機性的投資，財務槓桿要能調節，避免過度膨脹信用。

西北方玄關

　西北方玄關的能量，比較適合財力雄厚的家族，能夠借力使力，獲致聲名地位，但對一般的家庭來說，壓力會有些沉重，尤其家中的男主人，雖有實力卻往往遇不到伯樂，容易懷才不遇，而家中的女性則沒有這樣的困擾。

從方位選擇旺運臥房位置

插畫提供_張小倫

　　臥房要採用哪個房間最合適，一是像門一樣，選擇適合自己命卦的吉方，像是1968年出生的女性，屬於西四命8艮卦，可選擇家中的西南方房間作為自己的臥房，當然，由於房型或其它因素沒法子選西南方時，也可以選擇西四命的其它吉方。此外，也可權宜參考以下的整體吉祥臥房佈局。

坐東朝西的住家，主臥宜在南面

　　位於南面方位的臥房主人被賦予的特質是：直覺敏銳，頗具創意才華，很有自主性，興趣廣泛，外向、浮躁、愛熱鬧，有許多人都有夜貓子的習性，比較藏不住祕密，感情的起伏也較大。

坐東南朝西北的住家，主臥宜在北面

　　位在北面方位的臥房主人個性認真，富研究精神，比較不善於表達自己，因此心情難以被人理解，屬於腳踏實地的類型，適合從事獨自專研的工作，很有同理心，容易被人情包圍而不知所措。

坐南朝北的住家，主臥宜在東面

　　年輕人較適合此一方位臥房，東方的能量使人幹勁十足，充滿獨立自主的精神，可望少年得志，較不適合慵懶、沒有衝勁，或是將要退休養老之人居住，住在東方能量的臥房，促使人腦海不斷浮現許多創意想法，及非做不可的念頭，讓人相當忙碌，也有些煩躁易怒。

坐北朝南的住家，主臥宜在東南面

設置在東南面方位的臥房主人，會變得直覺敏銳，待人和藹可親，善於取悅他人，人際關係顯然相當不錯，身旁的親朋好友對他也有不錯的評價，人生通常比較順利。不過有些時候也容易被認為是只重外表，缺乏內涵。

坐西朝東的住家，主臥宜在在西面

設置在西面方位的臥房主人，能讓人很快進入安適的夢鄉，最適合中年之後的夫妻使用，能夠不忮不求，只要擁有一定程度的財富，人生將過得愜意。但也需注意避免雙方可能會心有旁鶩，不甘寂寞的情形。

坐西北朝東南的住家，主臥宜在西北面

設置在西北方位的臥房主人，生性豪邁，可累積人生智慧，隨著年齡的增長，更能夠吸收強大能量，但個性容易剛愎自用，需注意人際關係的經營，也要懂得體恤他人，中年之後可望成功。

坐西南朝東北的住家，主臥宜在東北面

設置在東北方位的臥房主人，屬於重情重義的類型，富俠義心腸，喜歡照顧別人。但有些任性衝動，容易和上司意見不合。一般來說，生活過得相當忙碌，並且多采多姿，但需提防受傷或生病，也常有可能會因為工作調職或為了子女問題而搬遷。

坐東北朝西南的住家，主臥宜在西南面

設置在西南方位的臥房，主人通常個性靈巧，做事勤奮努力，待人亦十分和藹可親，因此人緣相當良好，凡事隨心，悠閒自在卻能掌控得宜；但是總顯得少年老成，有早衰的傾向，女性尤其如此。

廚房爐灶的驚人能量

插畫提供_張小倫

　　爐子是出火口，一般都設置在屋子的凶方，以達到鎮壓制煞的功效，但爐口（瓦斯爐的進氣口）則要朝向吉方。

命卦1坎者：朝東南方最佳

　　東南方廚房的能量：對於女性而言，東南方位的廚房具有奇妙的加持能量，是最能夠替自己帶來幸運的，不管自己動心起念想做任何事，總能夠引起某些人的共鳴，獲得支持而無往不利，算得上十分幸運，並且不至於會被金錢所困擾，有需要時，總有人會伸出援手助其一臂之力。但需注意保持廚房整潔方能有此好運，否則的話，往往容易被莫名其妙的流言纏身。

命卦2坤者：朝東北方最佳

　　東北方廚房的能量：講義氣，重誠信，雖然很喜歡照顧人，但總是把朋友放在第一位而忽略了家人的感受，很難拒人於千里之外，對於別人的請託，義不容辭，相當豪邁，身為女性則不夠浪漫貼心，言行舉止會有些男性化傾向。賺錢能力不錯，也懂得儲蓄錢財，不過，卻常有一些莫名其妙的超支費用要去承擔。

命卦3震者：朝南方最佳

　　南方廚房的能量：生活態度積極進取，活力十足，很享受品味生活，對飲食十分考究，是美食主義者，出手闊綽，很捨得砸大錢購買

珠寶服飾，眼光相當精準且非常有鑑賞力，通常都能買到物超所值的東西，可惜比較不善於存錢；個性方面略為八卦，心裡藏不住祕密。

命卦4巽者：朝北方最佳

北方廚房的能量：能夠堅持自己的信念與想法，朝向既定的目標進行與發展，但可惜抗壓性略顯不足，容易抱怨，喜歡碎碎唸。對於金錢財務的控管能力也稍嫌不足，雖然也知道勤儉持家，但金錢卻往往不知不覺的消耗掉。

命卦6乾者：朝西方最佳

西方廚房的能量：注重外在形象，強調衣著裝扮，在家閒不住，喜歡到處趴趴走，出外一條龍，在家一條蟲，不喜歡受到約束。比較欠缺靈活的金錢觀，花錢不手軟，常有衝動性的消費行為。

命卦7兌者：朝西北方最佳

西北方廚房的能量：會有一家之主，喜歡當家掌權的感覺。自主意識相當強，凡事有自己主張，較容易自我中心，也比較缺乏理財概念，雖然在外賺錢能力不錯，但是喜歡購買名牌精品，花錢大手筆。

命卦8艮者：朝西南方最佳

西南方廚房的能量：個性溫和、沉穩、細心，有耐性，思想保守，穿著打扮樸素，會顯得較老氣；度量大很有包容力，懂得傾聽他人心事，又善於烹飪，會是子女眼中的好母親。做事勤奮能腳踏實地，個性節儉，善於儲蓄，可惜不懂得有效運用金錢。

命卦9離者：朝東方最佳

東方廚房的能量：會使人個性開朗，好奇心強，做事有謀略，能有先見之明，凡事都能按部就班，也有不錯的理財概念，只是偶爾仍會有衝動消費的習性。腦筋靈活，反應相當快，個性有時略顯浮誇。

廚房門朝向決定「氣」的能量

◎ 不宜正對大門：空氣流動太快，容易造成財氣外洩，導致影響家裡的財務出問題，尤其影響女主人的健康。

◎ 不宜正對臥房門：廚房為烹煮食物的地方，五味雜陳，且油煙味飄進臥房會污染臥房，不利臥房之人。

◎ 不宜正對浴廁門：廁所是出穢、排污之處，形成的味煞進入廚房的感覺不佳，也影響健康。兩門相對，易造成家庭糾紛。

◎ 不宜正對陽台門：陽台門與廚房門相對，使得屋內氣流太快，無法聚氣，易使家中的凝聚力變弱。

適合你居住的樓層

除非你住的是別墅或平房，一般來說，現代人的居家，多屬有樓層的大廈或公寓，因此，你所居住的樓層，最好是選擇能生旺你命卦五行的樓層：樓層1、6對應的五行屬水，2、7樓屬火，3、8樓屬木，4、9樓屬金，5、10樓屬土。超過十層以上的樓層五行，以該樓的個位數作為五行屬性，例如12樓，個位數2屬火。除了依照命卦五行來選擇住家樓層，也可以依照生肖來作為住家樓層的選擇（參閱下表）。萬一你所住的樓層五行與你的命格五行相剋的話，最好是搬家，如若不然，則要利用開運吉祥物來化解。

樓層	樓層五行	能帶旺的主人命卦	適合居住的生肖
5F、10F、15F、20F	土	金、土	牛、龍、羊、猴、狗
4F、9F、14F、19F	金	水、金	鼠、猴、雞、豬
3F、8F、13F、18F	木	火、木	虎、兔、蛇、馬
2F、7F、12F、17F	火	水、火	牛、龍、蛇、馬、羊、狗
1F、6F、11F、16F	水	土、水	鼠、虎、兔、豬

居宅外形的五行風水

金型宅

　　是只外觀方正的房型，房屋外觀最好是白色或土黃色，房子的大門不宜紅色或綠色，也不宜狹長或菱形或不規則形式的大門。居住金型宅的主人，適合從事金融、法務、廣電、財經、硬體設計、金飾買賣等的行業。

木型宅

　　外觀長形的房子，窗戶和大門形狀為圓形或是長方形，房子外觀顏色可以是綠色或藍色系。居住木型宅的主人，適合從事服務業、藝文創作、教育文化事業、服飾買賣、產品研發等相關的行業。

水型宅

　　外觀呈圓形或波浪形，外觀白色或夾雜著黑色，門窗為長方或圓形。居住水型宅的主人，適合從事服務、保險、理專、百貨、金融投顧海產、漁業等相關行業。

火型宅

　　外觀呈尖形或類似哥德式建築，或參差不齊多稜角的房型，門窗不宜圓形或月形（彎弓形），外牆紅色或綠色系，也可參雜些許白色，不宜黑色。居住火型宅的主人，適合從事期貨、股票、軍警、保全、徵信、餐飲、娛樂事業。

土型宅

　　外觀方圓厚實，堅固穩重的房型，外牆黃色或紅色系，不宜綠色或藍塞，門窗方形或方圓形，不可長方或菱形。居住土型宅的主人，適合從事公職、幕僚、技術人員、政治、農林蓄牧業等行業。

Part 4

強運五行
風水佈置術

前文中一直提到的『氣』，是充斥在我們身邊的一種無形能量，一個環境會不會繁榮或是個人運勢是否旺盛，跟『氣』是緊密相關的，當氣流平順通暢，就賦予生活周邊磁場正能量，提振我們的精氣神，而氣流停滯或流動太快的話，就帶來干擾的或是紊亂的能量。

增旺財運、工作運的居家佈置

若想要自己的人生得以財旺、人旺、桃花旺、身體健康、工作運旺，了解個人有利的方位十分重要，命卦五行可以知道何種方位對你最有利，因此，你可以根據前述命卦的推算方式找到自己的五行（表一），來作家居佈置，增旺你的運勢，而不論你的命卦為何，最重要的是你的座椅及床頭朝向必需是你最有利的方位。

明財位佈置

簡易辨認家中的財位，一般以大門入內左或右邊對角線的位置是為家中的明財位，上方不宜有樑，背後不宜無靠，或背後有門、窗或柱子也不宜，也不宜為室內的走道或通路，這樣才可形成角落聚財的效果，財位應保持乾淨整潔，不可堆放雜物，以免進財管道受阻。明財位可以放置一些像是貔貅、元寶、發財樹、聚寶盆的招財吉祥物。財位可安置檯燈或輔助照明設備來促使財運蓬勃。

暗財位佈置

命卦五行屬金的暗財位：坐西北朝東南的住宅，財位在正西、西北、或正北。坐西向東的住宅，財位在正南、西北、東南。

命卦五行屬木的暗財位：坐南朝北的住宅，財位在東北、正南。坐北朝南的住宅，財位在西南、正北。

命卦五行屬水的暗財位：坐東南朝西北的住宅，財位在西南、東南。

命卦五行屬火的暗財位：坐東朝西的住宅，財位在正東、正北。

命卦五行屬土的暗財位：坐東北朝西南的住宅，財位在西北、東北。坐西南朝東北的住宅，財位在正東、西南。

暗財位的佈置方式與明財位相同，除此之外，在暗財位放置可以發出音響的器物，像是古董音樂鐘或是鋼琴、音響之類的東西，利用不時發出聲響來敲動財星。

玄關招財佈置

玄關是居家的出入口，要整齊乾淨、保持明亮，可放置配合個人五行的招財吉祥物，鞋子要放在鞋櫃不要隨意亂放，可放置香氛讓財神喜歡上門。

沙發招財佈置

客廳的沙發若是剛好放在財位的位置，家人在此活動，就可沾染財氣增旺賺錢運勢。沙發宜靠牆，有靠才會發，但背後不宜有廁所或廚房。

客餐廳正財佈置

客餐廳方位的選擇，若男女主人的命卦吉方相剋，比如說，一位是東四命，另一位卻是西四命，除非女方是家中的主要經濟支柱，原則上以家中男主人命卦吉方來作為選擇。

位在北方的客餐廳

室內擺色最宜暖色系，亦可採用白色、藍色調或是綠色調裝潢，地板或地毯則可選擇深色系，圖案較典雅配置。沙發、茶几可採用色彩豐富或豔麗一些的；椅墊也可選用華麗、鮮艷的，放置在廳屋中央的茶几或桌子，以大型的正方桌為佳，可增強居宅主人在外工作的競爭力，實力得以發揮。

位在東北方的客餐廳

可以選擇紋路清晰優美的木質傢具或酒櫃、餐具櫃，裡面最適合放一些主人的收藏品，水晶玻璃杯或紀念性的瓷器。可選擇白色、米白、黃色系的沙發或是白色、米色、黃色的條紋狀圖案。可以增強主人的金錢運、貴人運，獲得工作上的表現機會，亦可避免經常調職或轉換職跑道的困擾。

位在東方的客餐廳

可以採用色彩淡雅、設計簡單、價位平實的木質貼皮傢具，沙發或地毯的色彩可採用鮮豔、明亮的花草圖案，有罩式的吊燈，燈光要明亮，但不可用直照式的燈泡，如此可增進家庭氣氛的和諧，免於口舌之爭；居住其間的人在與人交往互動時更能夠知所進退，舉止合宜，人際運良好。

位在東南方的客餐廳

採用木製、籐製、玻璃製、強化玻璃纖維或金屬材質的傢具都很適宜，設計風格及色彩要簡潔明朗，沙發布或椅墊可以採用花卉、異國風或休閒趣味的圖案，讓居住者有輕鬆自在感，家人得以和睦相處，能保持敏銳的觀察力與周延的思維，可以增強主人的文字及創意能力。

位在南方的客餐廳

櫥櫃、傢具可選用白色或淡色系的木質產品，沙發或桌椅則布料、皮革、籐製或木製的產品均可選擇，不要用大量紅色、黃色等色彩鮮豔的傢飾，綠色或灰棕色最宜，避免放置太多的玩偶或小擺設，否則容易讓居住者心浮氣躁，容易與周遭的的人爆口角糾紛，或是財務調度發生問題。

位在西南方的客餐廳

櫥櫃之類的傢具可選用棕色、褐色等，予人視覺較為沉穩的產品，茶几或桌子宜採用長方形，如要增添家人互動的溫馨和樂，沙發椅座墊則可採用質地厚重的布製品，若是想要增進在外的人際關係或職場運勢，則可採用皮革製的沙發。若餐具櫃是木製品，最好選用有金屬把手的，不然也可描繪金屬圖案的。

位在西方的客餐廳

傢具色調以深褐色最宜，餐桌或是放在客廳中央的大茶几，最好選用桌面石材的製品，比較不宜用玻璃材質或金屬材質的產品，至於沙發椅或餐椅最好選擇真皮製皮面的產品，顏色則以沉穩的棕褐色系為主，如果選擇皮革以外材質的製品，最好扶手或椅子的框架要以棕褐色調，墊子或靠背則要有暖色調圖案而不是單色素面的，如此可避免主人有花錢不手軟或是財進財出留不住的現象。

位在西北方的客餐廳

方位在西北方的客餐廳，很適合放置有鏡子的櫥櫃，或是大型厚重結實的木製產品，避免過多金屬材質，餐椅或矮腳凳以圓形為主，椅墊或沙發最好是布製品，色彩不宜過於鮮豔，茶几或矮桌則以整塊原木製作的最佳，如此，可避免家中女權過於高漲，男主人不夠地位、威嚴而產生的家庭問題。

插畫提供_張小倫

帶來滿滿元氣的客廳五行佈置

　　客廳是全家人團聚交流的地方，也是客人來訪時的會客所在，因此，良好的客廳風水佈置，可以為全家人帶來幸運：客廳所在的位置最好是住家前方接近大門的位置，以便迎風納氣，傢具的擺設要能讓動線流暢，讓好的氣流在其中運轉，最重要的是，除了根據上述個人命卦五行來作為方位選擇及裝潢佈置的基調之外，為了讓全家人都能夠受惠，我們可以先畫好一個客廳的九宮格平面圖，標示出關係人生八大欲求的對應方位來做風水佈置，來催化對應的人生欲求。

方位	對應能量	喜用配置
東方	健康運	綠色
東南方	錢財運	綠色、金色
南方	名氣與聲望運	紅色
西南方	姻緣運	黃色、駝色、橘色
西方	子女運	白色、米色、金色、銀色、駝色
西北方	人際運	白色、金色、銀色、駝色
北方	事業運	藍色、黑色
東北方	文昌運	黃色、駝色、大地色

開運佈置方位對應表

東南方	南方	西南方
可用綠色系的裝飾或木質器物、圓葉植物、水生盆栽或是魚缸，可催旺錢財的運勢。	擺設紅色的木質傢飾或紅色地毯或燈光照明，可提升名氣與聲望的運勢。	可放置水晶燈，或是粉晶、一團和氣的掛畫或吉祥物，可增旺姻緣與桃花的運勢。
東方 懸掛山水畫或放置闊葉盆栽、鏡子、風水輪及綠色系的裝潢或飾品，可以增進家人互動及家人健康的運勢。	中央	西方 可採用白色、米色、金色、銀色、駝色的裝潢或傢飾、金屬雕刻品、能發出聲響的東西、白水晶或白色鵝卵石、白色花瓶可以催旺子女、兒孫的運勢。
東北方 黃色、駝色、大地色系的裝潢或家飾，陶磁器物、天然水晶等，可增旺學習與考試的運勢，尤其利於文創工作者。	北方 宜用藍色或黑色的傢具或裝飾品、魚缸、山水畫、風水輪或金屬材質的傢飾，可以增旺居住者的事業運。	西北方 適合放置白色、金色、銀色或駝色的物品，金屬材質傢飾、六帝錢、銅琴之類能發出音響的東西，可以增旺長輩緣、上司緣、貴人運，促進人際和諧。

五行色彩的附帶能量

紅色｜易引人注目，帶來使人興奮、喜悅的感受，但時間一久則容易感覺脾氣暴戾、衝動，可能引起過度情緒化的反應。

藍色｜偏冷的色調，易帶來沉靜、鎮定、理性的感受，但持續以藍色刺激，則容易有憂鬱、悲觀、過度現實等負面情緒反應。

黃色｜色階明亮，能讓人一眼注目，也會使人產生亢奮、高興的感受，但由於色彩過度鮮艷，容易讓人感覺焦慮、疲憊、注意力渙散、過度激動等不良反應。

　　黑色｜帶來穩定、安心的感覺，同時也是高貴、權威的象徵，只是長時間籠罩在黑色空間中易產生偏執、主觀、冷漠、不近人情的情緒反應。

　　白色｜通常給人純潔、神聖、平靜的感覺，但若長時間處在純白無調色的空間中，易使人產生疏離、淒涼、無助的負面情緒。

增進人際運、桃花運的居家佈置

　　臥房是休憩的場所，休息是為了補充能量，走更長遠的路，臥房風水佈置對於家庭及個人都是非常重要的，不僅關係財運、升遷運、人際運，更關係著異性緣及桃花運，還有夫妻相處的感情是否和諧親密，原則上，臥房風水的吉方位，多半以家中女主人的命卦吉方位為主。除了有利方位可以加強命卦主人的運勢，臥房的光線亦很重要，由於是休息以恢復體力的地方，臥房光線以柔和為主，床的正上方不宜有樑，否則長期睡在橫樑壓力下，精神一定欠佳，床的正上方也不宜圓型的主燈。床頭的背後一定要有靠，並且要有一個堅固的床頭板，而床頭最好是朝向個人方位的吉方；床尾不可正對著臥房門。床的式樣最好是方方正正，避免水床或是圓型的床（除非是經營摩鐵，為了增加房間情趣），床頭的兩側最好各放置一個與床墊等高的床頭櫃，不但可以增進夫妻雙方感情，還可加強事業運、財運，若是床頭櫃上各放置一盞小檯燈，更可以發揮催財、聚財、招貴人的作用。

位在北方的臥房佈置法

　　為了提升夫妻間的閨房情趣，臥房內牆面的色彩盡量用米白、象牙色之類較為溫暖明亮的色彩，地面宜鋪地板或地毯。床鋪以自然風的木製床為佳，床墊可選擇較高較厚的，床單、窗簾、或寢具不要有過於搶眼的花紋，粉紅、橙色、淺灰棕均符合北方臥房的調性。

位在東北方的臥房佈置法

　　白色、米白色或白色條紋的室內色彩及寢具色彩為佳，淺白色原木床鋪，略高的床墊，床頭板成直線條，都是佈置重點，床單、窗簾選用米色、象牙白、白底搭配黃色或灰棕色條紋的織品。若有一面主牆採用軟木質素材更有畫龍點睛的開運效果。

位在東方的臥房佈置法

　　可以用任何色彩及素材來裝潢東方的臥房，當然採用木質加工的素材最宜，避免過於花俏，以免招惹爛桃花，式樣簡單的床頭板，較低的床墊，窗簾、寢飾色調不拘，花紋、素色、條紋的圖案均宜。

位在東南方的臥房佈置法

　　裝潢應選顏色淡雅暖色調的素材，避免全室採用黑、白、灰色系或深藍色，拼花的木質地板最宜。原木色系樣式簡單、具有鄉村風格的木製床，寢飾暖色系或寒色系皆可，最好是有些花卉圖樣的，年輕人亦可選擇條紋的樣式，年長者可以採用黃褐或是綠色系素面材質。

位在南方的臥房佈置法

　　一般採用寒色系、白色調的牆壁及天花板，地面可鋪設淡色地板或地毯，若為陽光照射的房間，則要必免容易變色或容易泛黃的材質。漆白色或大膽鮮艷用色的木製床或是銅製的床架均宜，有床幔的公主床也很適合，床罩或窗簾可用寶藍色、翠綠色、粉紅色或米色緹花布紋。

位在西南方的臥房佈置法

　　整體設計可採用駝色、大地色系，強調木紋的裝潢，綠色系、檸檬黃、或黃色的花紋圖案都可以提升使用者的能量，床鋪則以棕褐色有著漂亮紋式卻不失穩重感為宜，床墊較低，式樣簡單的西部原野風都很適合，提升個性較不活潑的年輕人能量，則以藍紫色調為主。

位在西方的臥房佈置法

　　整體可採用黃色、米色、米黃、灰棕調的色系來作為室內裝潢色彩的主調，金屬材質的床，或厚實的木床都很適合，床頭板要有弧度或曲線感的款式，窗簾、床單、床罩等的寢具，可採用素面亮彩的或是花卉紋飾的，尤其金黃色有華麗質感的寢具更宜，喜歡素雅的，則米色、淺茶色也是不錯的選擇。

位在西北方的臥房佈置法

　　室內裝潢色彩以灰綠、淺褐、白色、灰棕調為主，可選擇一面主牆或是不份天花板搭配木質材料作為設計重點，窗簾或寢具也以灰綠、淺褐、白色、灰棕的條紋布飾為宜，也可採用花卉、樹木或風景之類的圖案，色彩不宜鮮豔，床墊要較有厚度略高的，床頭板及床架可選擇沉穩色系有浮雕紋飾圖案的。

上班族如何佈置辦公室（書房）增加財運？

① 　坐在椅子上要面朝自己的吉方。

② 　桌椅不宜壓在樑下方，以免干擾腦部磁場，造成注意力不集中。

③ 　坐位不要安置在走道處，也不宜背對房門或走道，以免有人走動造成精神干擾，容易三心二意，影響工作效率。

④ 　書籍、文件或檔案架可放在左手邊。

⑤ 　右手邊可放水杯。

⑥ 　桌上可放置一盞小檯燈，燈光可以加速身邊能量的流通，可以產生聚氣生財的作用。

⑦ 　在辦公室桌上放置一小盆圓葉植栽來提升財運。不可放尖葉植物或尖銳形狀的物品，以免形成煞氣，影響人緣。

⑧ 　眼睛直視之處，最好不要對著牆角或是其它桌子或櫃子的角，才不至於被沖煞到。

Solution 113

好宅風水 設計聖經

最強屋宅一流開運法則！
設計師必學、屋主必看極詳細風水能量指導書

作 者	漂亮家居編輯部
別冊撰文	善存老師（李晴輝）
責任編輯	施文珍
文字編輯	高寶蓉、洪晟芝、張景威、蔡婷如、蔡筑妮、鄭雅分
封面設計	FE設計工作室
美術設計	楊雅屏、劉淳涔
插 畫	施安妮、張小倫
行銷企劃	廖鳳鈴
版權專員	吳怡萱

發 行 人	何飛鵬
總 經 理	李淑霞
社 長	林孟葦
總 編 輯	張麗寶
副總編輯	楊宜倩
叢書主編	許嘉芬

出 版	城邦文化事業股份有限公司 麥浩斯出版
E-mail	cs@myhomelife.com.tw
地 址	104台北市中山區民生東路二段141號8樓
電 話	02-2500-7578

發 行	英屬蓋曼群島商家庭傳媒股份有限公司城邦分公司
地 址	104台北市中山區民生東路二段141號2樓
服務專線	0800-020-299（週一至週五09:30~12:00、 13:30~17:00）
服務傳真	02-2517-0999
服務信箱	service@cite.com.tw
劃撥帳號	1983-3516
劃撥戶名	英屬蓋曼群島商家庭傳媒股份有限公司城邦分公司

香港發行	城邦（香港）出版集團有限公司
地 址	香港灣仔駱克道193號東超商業中心1樓
電 話	852-2508-6231
傳 真	852-2578-9337
電子信箱	hkcite@biznetvigator.com

馬新發行	城邦（馬新）出版集團 Cite(M) Sdn.Bhd.
地 址	41, Jalan Radin Anum,Bandar Baru Sri Petaling, 57000 Kuala Lumpur, Malaysia
電 話	603-9057-8822
傳 真	603-9057-6622

總經銷	聯合發行股份有限公司
電話	02-2917-8022
傳真	02-2915-6275

好宅風水設計聖經：最強屋宅一流開運法則!
設計師必學、屋主必看 極詳細風水能量指導
書 / 漂亮家居編輯部著. -- 一版. -- 臺北市：麥
浩斯出版：家庭傳媒城邦分公司發行, 2018.10

　　面；　公分. -- (Solution ; 113)

ISBN 978-986-408-438-8(平裝)

1.室內設計 2.相宅

422.5　　　　　　　　　　　　　17018338

製版印刷	凱林彩印股份有限公司
出版日期	2022年7月初版 5 刷
定 價	399元

Printed in Taiwan
著作權所有·翻印必究（缺頁或破損請寄回更換）

※本書為《神開運！風水室家180+好住提案》暢銷改版